建筑工人岗位培训教材

幕墙安装工

本书编审委员会　编写

刘长龙　主编

中国建筑工业出版社

图书在版编目（CIP）数据

幕墙安装工/《幕墙安装工》编审委员会编写. —北京：中国
建筑工业出版社，2018.10
建筑工人岗位培训教材
ISBN 978-7-112-22685-6

Ⅰ.①幕… Ⅱ.①幕… Ⅲ.①幕墙-室外装饰-建筑安装-岗
位培训-教材 Ⅳ.①TU757.5

中国版本图书馆 CIP 数据核字（2018）第 210073 号

　　本教材是建筑工人岗位培训教材之一。按照新版《建筑装饰装修职业
技能标准》的要求，对幕墙安装工初级工、中级工和高级工应知应会的内
容进行了详细讲解，具有科学、规范、简明、实用的特点。
　　本教材主要内容包括：建筑幕墙基础知识，建筑幕墙安装基本工艺，
构件式玻璃幕墙安装，单元式玻璃幕墙安装，点支承玻璃幕墙安装，石材
幕墙安装，金属幕墙安装，人造板幕墙安装，全玻璃幕墙安装，玻璃采光
顶及斜玻璃幕墙安装，幕墙安装安全技术，习题。
　　本教材适用于幕墙安装工职业技能培训，也可供相关职业院校实践教
学使用。

责任编辑：高延伟　李　明　葛又畅
责任校对：焦　乐

建筑工人岗位培训教材
幕墙安装工
本书编审委员会　编写
刘长龙　主编
*
中国建筑工业出版社出版、发行（北京海淀三里河路 9 号）
各地新华书店、建筑书店经销
北京红光制版公司制版
天津翔远印刷有限公司印刷
*
开本：850×1168 毫米　1/32　印张：8⅜　字数：223 千字
2018 年 12 月第一版　　2018 年 12 月第一次印刷
定价：**26.00** 元
ISBN 978-7-112-22685-6
（32801）

建筑工人岗位培训教材
编审委员会

主　任：沈元勤

副主任：高延伟

委　员：(按姓氏笔画为序)

出 版 说 明

国家历来高度重视产业工人队伍建设，特别是党的十八大以来，为了适应产业结构转型升级，大力弘扬劳模精神和工匠精神，根据劳动者不同就业阶段特点，不断加强职业素质培养工作。为贯彻落实国务院印发的《关于推行终身职业技能培训制度的意见》（国发〔2018〕11号），住房和城乡建设部《关于加强建筑工人职业培训工作的指导意见》（建人〔2015〕43号），住房和城乡建设部颁发的《建筑工程施工职业技能标准》、《建筑工程安装职业技能标准》、《建筑装饰装修职业技能标准》等一系列职业技能标准，以规范、促进工人职业技能培训工作。本书编审委员会以《职业技能标准》为依据，组织全国相关专家编写了《建筑工人岗位培训教材》系列教材。

依据《职业技能标准》要求，职业技能等级由高到低分为：五级、四级、三级、二级、一级，分别对应初级工、中级工、高级工、技师、高级技师。本套教材内容覆盖了五级、四级、三级（初级、中级、高级）工人应掌握的知识和技能。二级、一级（技师、高级技师）工人培训可参考使用。

本系列教材内容以够用为度，贴近工程实践，重点突出了对操作技能的训练，力求做到文字通俗易懂、图文并茂。本套教材可供建筑工人开展职业技能培训使用，也可供相关职业院校实践教学使用。

为不断提高本套教材的编写质量，我们期待广大读者在使用后提出宝贵意见和建议，以便我们不断改进。

本书编审委员会

2018 年 6 月

前　　言

党的十九大报告提出要"建设知识型、技能型、创新型劳动者大军，弘扬劳模精神和工匠精神，营造劳动光荣的社会风尚和精益求精的敬业风气"。在 2017 年 9 月印发的《中共中央国务院关于开展质量提升行动的指导意见》中，提出了健全质量人才教育培养体系，加强人才梯队建设，完善技术技能人才培养培训工作体系，培育众多"中国工匠"等要求。弘扬工匠精神，培育大国工匠，是实施质量强国战略的需要。国务院办公厅《关于促进建筑业持续健康发展的意见》（国办发〔2017〕19 号）中也提出了"加强工程现场建筑工人的教育培训。健全建筑业职业技能标准体系，全面实施建筑业技术工人职业技能鉴定制度"和"大力弘扬工匠精神，培养高素质建筑工人"要求。

按照住房和城乡建设部《关于加强建筑工人职业培训工作的指导意见》（建人〔2015〕43 号）等文件要求，为实现"到 2020年，实现全行业建筑工人全员培训、持证上岗"的目标，按照住建部有关部门要求，由中国建设教育协会继续教育委员会会同江苏省住房和城乡建设厅执业资格考试与注册中心等组织国内行业知名企业专家、高级技师和院校学者、老师以及一线具有丰富工程施工操作经验人员，根据《建筑装饰装修职业技能标准》JGJ/T 315—2016 的具体规定，共同编写这本建筑工人岗位培训教材。

本书以实现全面提高建设领域职工队伍整体素质，加快培养具有熟练操作技能的技术工人，尤其是加快提高建筑工人职业技能水平，保证建筑工程质量和安全，促进广大建筑工人就业为目标，以建筑工人必须掌握的"基层理论知识"、"安全生产知识"、

"现场施工操作技能知识"等为核心进行编制，本书系统、全面、技术新、内容实用，文字通俗易懂，语言生动简洁，辅以大量直观的图表，非常适合不同层次水平、不同年龄的建筑工人在职业技能培训和实际施工操作中应用。

本书由刘长龙主编，南京环达装饰工程有限公司孔令虎、浙江亚厦幕墙有限公司高学祥、云南远鹏装饰设计工程有限公司那红勇、南京广博装饰股份有限公司李广文、江苏鸿升装饰工程有限公司程志婷、山东美达建工集团股份有限公司唐世举、中建鼎元建设工程有限公司程得明、江苏广源幕墙装饰工程有限公司徐伟强、德韦斯（上海）建筑材料有限公司朱国强参与编写。

限于编者水平，虽经多次审校，书中错误与不当之处在所难免，敬请广大同仁与读者不吝指正，在此谨表谢忱！

目　　录

一、建筑幕墙基础知识

建筑幕墙是由面板与支承结构体系组成，具有规定承载能力、变形能力和适应主体结构位移能力，不分担主体结构所受作用的建筑外围护墙体结构或装饰性结构。

建筑幕墙具有以下三个特点：

(a) 具有面板与支承结构体系。

(b) 能适应主体结构位移，能直接承受外部荷载并传递给主体结构，且自身有一定的变形能力。

(c) 不承担主体结构传递的荷载。

上述特点，也是判断建筑外围护墙体是否属于建筑幕墙的依据。

（一）幕 墙 分 类

参见《幕墙制作工》中"（一）幕墙分类"相关内容。

（二）幕 墙 构 造

参见《幕墙制作工》中"（二）幕墙构造"相关内容。

（三）幕墙施工图识读

幕墙施工图能完整准确地表达出建筑物外形轮廓、大小尺寸、幕墙材料及系统构造和做法，是指导幕墙施工的主要依据。

幕墙是主体建筑结构外围护结构，由玻璃、金属板、石材、钢（铝）骨架、螺栓、铆钉等构件组成，因此幕墙施工图包含内容较多，常出现建筑和机械两种制图标准并存的现象。一般来说，幕墙立面图、平面图、剖面图、大样图可采用建筑制图标准；节点图、加工图可采用机械制图标准。

看懂幕墙施工图，既需要一定的理论知识，又要具有实践经验，通过从物体到图样，再从图样到物体的反复练习，才能逐步提高幕墙识图能力，才能为幕墙工程施工打下良好基础。

1. 幕墙施工图的组成

依据住房和城乡建设部《建筑工程设计文件编制深度规定（2016版）》（建质函〔2016〕247号）规定：在施工图设计阶段，幕墙设计文件包括设计说明书、设计图纸、计算书，其编排顺序为，封面、扉面、目录、设计说明书、设计图纸、计算书。

设计图纸包括平面图、立面图、剖面图、局部大样图、节点详图、型材截面图等。

节点详图包含各类幕墙系统节点构造，幕墙与主体结构连接的节点详图，不同幕墙交界处的节点详图，上下收口及阴阳转接处节点详图，开启窗及百叶窗的节点详图，幕墙防火、防雷节点详图，变形缝构造节点详图等。

2. 幕墙施工图符号

幕墙施工图剖切符号、索引符号、详图符号、引出线、断面符号、定位轴线符号与《房屋建筑制图统一标准》GB/T 50001—2017相同（图1-1）。

3. 定位轴线

定位轴线应用细单点长画线绘制。

定位轴线应编号，编号应注写在轴线端部的圆内；圆应用细实线绘制，直径为8～10mm；定位轴线圆的圆心应在定位轴线的延长线或延长线的折线上。

除较复杂需采用分区编号或圆形、折线形外，一般平面上定位轴线的编号，宜标注在图样下方或左侧。横向编号应用阿拉伯数字，从左至右顺序编写；竖向编号应用大写拉丁字母，从上至

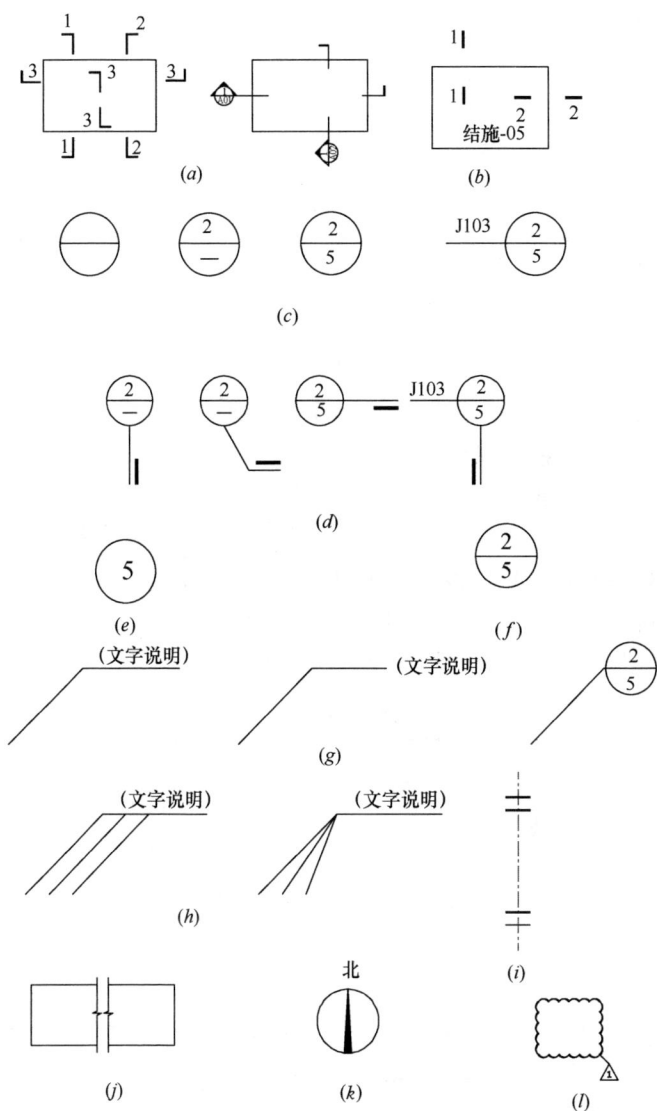

图 1-1　幕墙施工图部分符号

（a）剖视的剖切符号；（b）断面的剖切符号；（c）索引符号；（d）索引剖面详图的
索引符号；（e）幕墙构件编号；（f）详图符号；（g）引出线；（h）共同引出线；
（i）对称符号；（j）连接符号；（k）指北针；（l）变更云线

3

下顺序编写（图 1-2）。

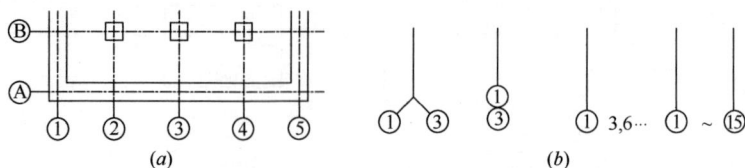

图 1-2　定位轴线编号

（a）定位轴线编号顺序；（b）详图的轴线编号

详图中的定位轴线，应只画圆，不注写轴线编号；一个详图适用于几根轴线时，应同时注明各有关轴线的编号（图 1-2）。

4. 幕墙施工图图例

幕墙施工图中混凝土、钢筋混凝土、砂、天然石材、毛石、空心砖、瓷砖、玻璃、金属、砖、塑料等图例与《房屋建筑制图统一标准》GB/T 50001—2017 相同；型钢图例与《建筑结构制图标准》GB/T 50105—2010 相同（表 1-1）；门、窗图例与《建筑制图标准》GB/T 50104—2010 相同。

常用型钢标注方法表　　　　　表 1-1

序号	名称	截面	标注	说明
1	等边角钢	∟	∟$b \times t$	b 为肢宽；t 为肢厚
2	不等边角钢		∟$B \times b \times t$	B 为长肢宽；b 为短肢宽；t 为肢厚
3	工字钢	I	I N　Q I N	轻型工字钢加注 Q 字；N 为工字钢型号
4	槽钢	[	[N　Q [N	轻型槽钢加注 Q 字；N 为槽钢型号
5	方钢		□ b	—

序号	名称	截面	标注	说明
6	扁钢	$\overset{b}{\longleftrightarrow}$	—— $b\times t$	—
7	钢板	——	$\dfrac{b\times t}{l}$	宽×厚 板长
8	圆钢	⊘	ϕd	—
9	钢管	○	$DN\times\times$	内径
			$d\times t$	外径×壁厚
10	薄壁方钢管	□	$B\square\, b\times t$	薄壁型钢加注 B 字； t 为壁厚

常用幕墙材料图例、常用幕墙紧固件图例目前尚无国家及行业统一标准，但近年来对幕墙材料图例在设计图纸中的表示，行业基本达成了共识（表1-2、表1-3）；在幕墙施工使用幕墙施工图时，常用幕墙材料图例、常用幕墙紧固件图例应以图纸说明为准。

常用幕墙材料图例　　　　表 1-2

序号	名称	图例	序号	名称	图例
1	泡沫棒		6	隔热条	
2	结构胶		7	玻璃	
3	耐候密封胶		8	分子筛	
4	密封胶条		9	岩棉	
5	双面胶条		10	焊缝	

5

常用幕墙紧固件图例 表 1-3

序号	名称	图例	序号	名称	图例
1	拉钉		6	开槽圆柱头螺钉	
2	射钉		7	十字槽盘头自攻螺钉	
3	十字槽盘头螺钉		8	十字槽盘头自攻自钻螺钉	
4	十字槽沉头螺钉		9	十字槽沉头自攻自钻螺钉	
5	开槽盘头螺钉		10	十字槽沉头自攻螺钉	

5. 尺寸标注

（1）尺寸的组成

图样上的尺寸，包括尺寸界线、尺寸线、尺寸起止符号和尺寸数字（图 1-3）。

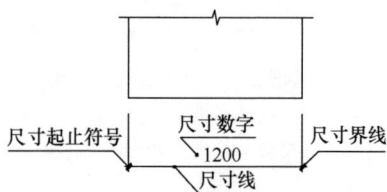

图 1-3　尺寸的组成

尺寸界线：应用细实线绘制，一般应与被注长度垂直，其一端应离开图样轮廓线不小于 2mm，另一端宜超出尺寸线 2～3mm。图样轮廓线可用作尺寸界线（图 1-4）。

尺寸线：应用细实线绘制，应与被注长度平行。图样本身的任何图线均不得用作尺寸线。

尺寸起止符号：一般用中粗斜短线绘制，其倾斜方向应与尺寸界线成顺时针45°角，长度宜为2～3mm。半径、直径、角度与弧长的尺寸起止符号宜用箭头表示（图1-5）。

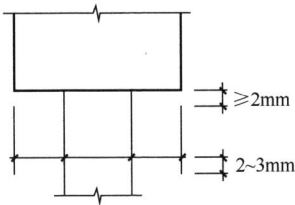

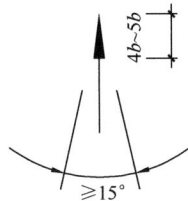

图1-4　尺寸界线　　　图1-5　箭头尺寸起止符号

（2）尺寸数字

图样上的尺寸，应以尺寸数字为准，不得从图上直接量取；图样上的尺寸单位，除标高及总平面以 m 为单位外，其他必须以 mm 为单位。

尺寸数字的注写位置：水平方向的尺寸，一般应注写在尺寸线的上方；铅垂方向的尺寸，一般应注写在尺寸线的左方；倾斜方向的尺寸一般应在尺寸线靠上的一方。也允许注写在尺寸线的中断处。

尺寸数字的方向：水平尺寸的数字字头向上，铅垂尺寸的数字字头向左，倾斜尺寸的数字字头应有朝上的趋势；对于非水平方向的尺寸，其尺寸数字可水平注在尺寸线的中断处（图1-6）。

角度的数字一律写成水平方向，即数字铅直向上。一般注写在尺寸线的中断处，必要时，也可注写在尺寸线的附近或注写在引出线的上方。

尺寸数字一般应根据其方向注写在靠近尺寸线的上方中部。如果没有足够的注写位置，最外边的尺寸数字可注写在尺寸界线的外侧，中间相邻的尺寸数字可上下错开注写，引出线端部用圆点表示标注尺寸的位置（图1-7）。

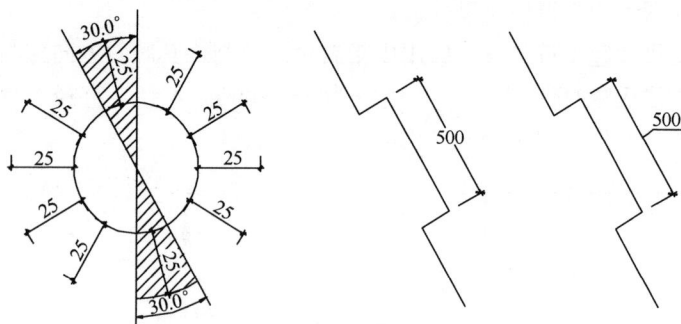

图 1-6 尺寸数字的方向

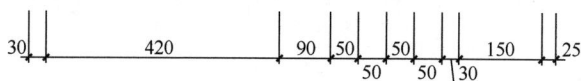

图 1-7 尺寸数字注写位置

（3）尺寸的排列与布置

尺寸宜标注在图样轮廓以外，不宜与图线、文字及符号等相交；任何图线都不得穿过尺寸数字，当不可避免时，应将图线断开，以保证尺寸数字的清晰（图 1-8）。

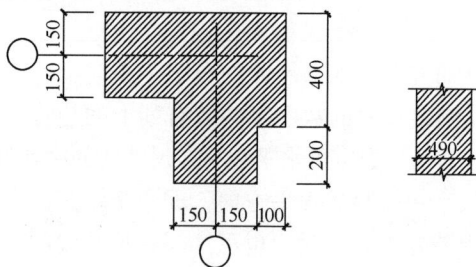

图 1-8 尺寸数字的注写

互相平行的尺寸线应从被注明的图样轮廓由近向远整齐排列，较小尺寸应离轮廓线较近，较大尺寸应离轮廓线较远；图样轮廓线以外的尺寸界线距图样最外轮廓之间的距离不宜小于

10mm，平行排列的尺寸线间距宜为 7～10mm，并应保持一致；总尺寸的尺寸界线应靠近所指部位，中间分尺寸的尺寸界线可稍短，但其长度应相等（图 1-9）。

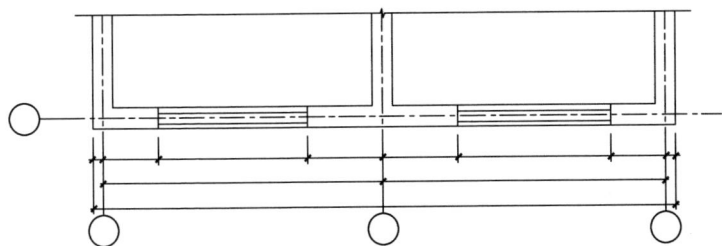

图 1-9　尺寸的排列

（4）半径、直径和球的尺寸标注

半径尺寸标注：半径的尺寸线应一端从圆心开始，另一端画箭头指向圆弧，半径数字前应加注半径符号"*R*"。

圆弧半径标注：较小及较大圆弧半径可按图 1-10 形式标注。

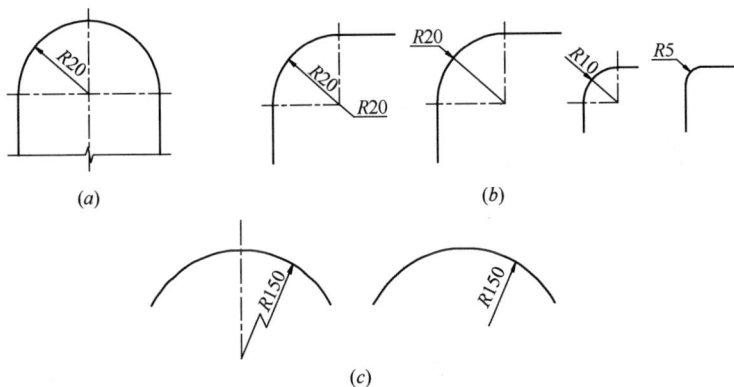

图 1-10　半径与圆弧标注
（*a*）半径标注；（*b*）小圆弧半径标注；（*c*）大圆弧半径标注

直径尺寸标注：标注圆的直径尺寸时，直径数字前应加直径符号"ϕ"。在圆内标注的尺寸线应通过圆心、两端画箭头指至圆弧；较小圆的直径尺寸，可标注在圆外（图 1-11）。

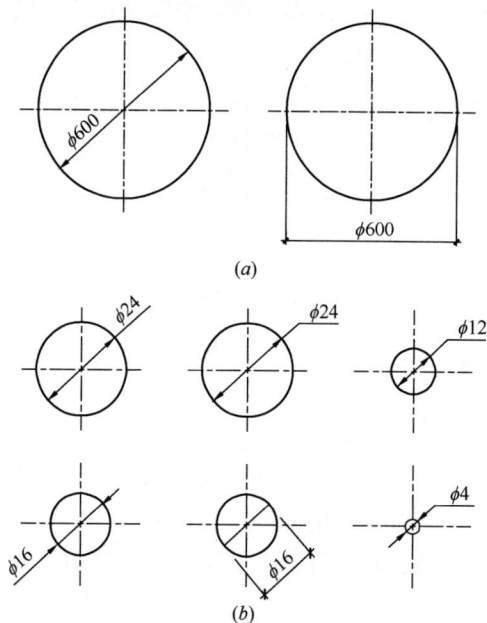

(a)

(b)

图 1-11　圆直径的标注

(a) 圆直径；(b) 小圆直径

球尺寸标注：标注球的半径尺寸，应在尺寸前加注符号"SR"；标注球的直径尺寸，应在尺寸前加注符号"Sϕ"；注写方法与圆弧半径和圆直径标注方法相同。

（5）角度、弧度和弧长的标注

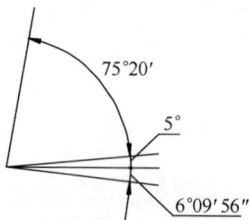

图 1-12　角度标注

角度标注：角度的尺寸线应以圆弧表示。该圆弧的圆心应是该角的顶点，角的两条边为尺寸界线，起止符号应以箭头表示，如果没有足够位置画箭头，可用圆点代替，角度数字应沿尺寸线方向注写（图 1-12）。

圆弧标注：标注圆弧的弧长时，

尺寸线应以该圆弧同心的圆弧线表示，尺寸界线应指向圆心，起止符号应以箭头表示，弧长数字上方应加注圆弧符号"⌒"；标注圆弧的弦长时，尺寸线应以平行于该弦的直线表示，尺寸界线应垂直于该弦，起止符号用中粗斜短线表示（图1-13）。

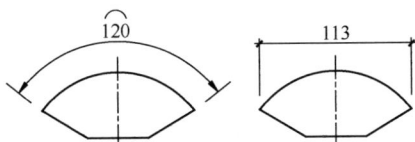

图 1-13　弧长标注

（6）标高

标高符号应以直角等腰三角形表示，细实线绘制，斜边高取3mm为宜（图1-14）。

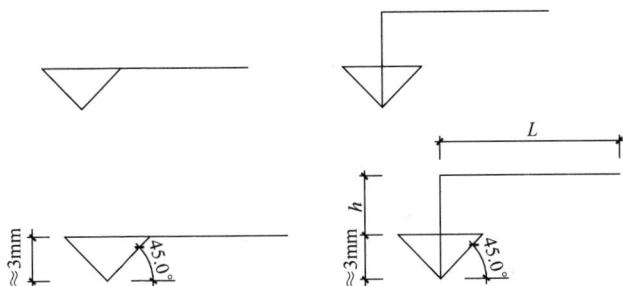

图 1-14　标高符号

标高数字应以 m 为单位，注写到小数点以后第三位（在总平面图中可注写到小数点以后第二位）；总平面图室外地坪标高符号，宜用涂黑的三角形表示；标高符号的尖端应指至被注高度的位置，尖端宜向下，也可向上，标高数字应注写在标高符号的上侧或下侧；零点标高应注写成±0.000，正数标高不注"＋"，负数标高应注"－"；在图样的同一位置需表示几个不同标高时，标高数字可在起始标高数字上或下加注，但应在标高数字加注"（ ）"（图1-15）。

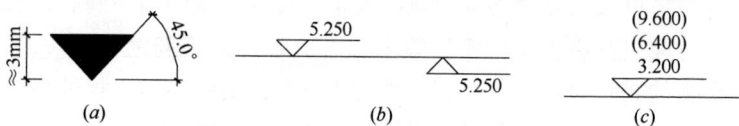

图 1-15　标高的标注

(a) 总平图室外地坪标高；(b) 标高指向；(c) 多标高注写

（7）薄板厚度、正方形、坡度等尺寸标注

薄板厚度标注：在薄板板面标注板厚尺寸时，应在厚度数字前加厚度符号"*t*"。

正方形尺寸标注：标注正方形的尺寸可用"边长×边长"的形式，也可在边长数字前加正方形符号"□"。

坡度标注：坡度标注时应加坡度符号"↙"，该符号为单面箭头，箭头应指向下坡方向；坡度也可用直角三角形标注（图 1-16）。

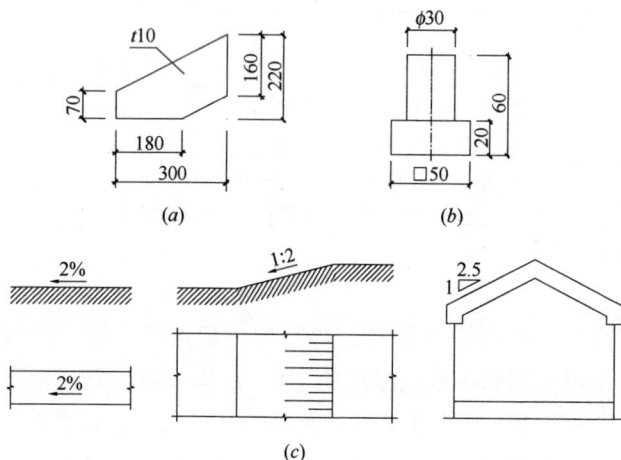

图 1-16　薄板厚度、正方形、坡度标注

(a) 薄板厚度；(b) 正方形；(c) 坡度

（8）尺寸简化标注

桁架杆件的长度在单线图上可直接将尺寸数字沿杆件一侧注

写，标注在中间位置上（图 1-17）。

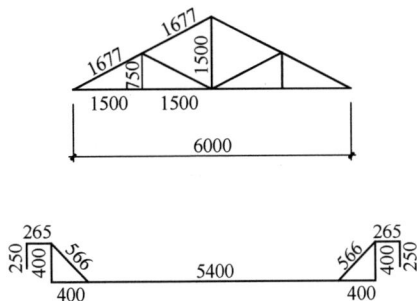

图 1-17 单线图尺寸标注

连续排列的等长尺寸，可用"等长尺寸×个数＝总长"的形式标注（图 1-18）。

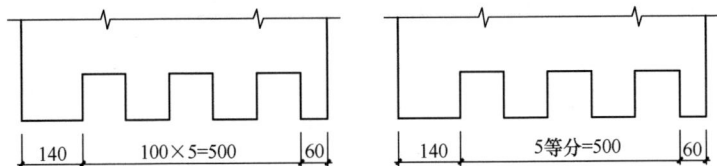

图 1-18 等长尺寸简化标注

构配件内的构造因素（如孔、槽等）如相同，可仅标注其中一个要素的尺寸（图 1-19）。

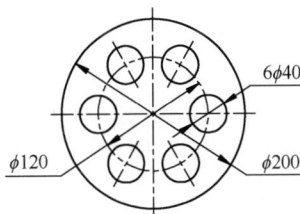

图 1-19 相同要素尺寸标注

对称构配件采用对称省略画法时，该对称构配件的尺寸线应略超过对称符号，仅在尺寸线一端画尺寸起止符号，尺寸数字应按整体全尺寸注写，注写位置宜与对称符号对齐（图1-20）。

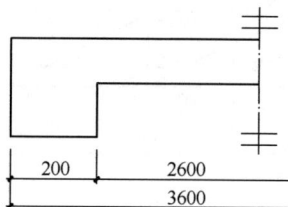

图 1-20　对称构件尺寸标注

两个构配件，如个别尺寸数字不同，可在同一图样中将其中一个构配件的不同尺寸数字注写在括号内，该构配件的名称也应注写在相应括号内（图1-21）。

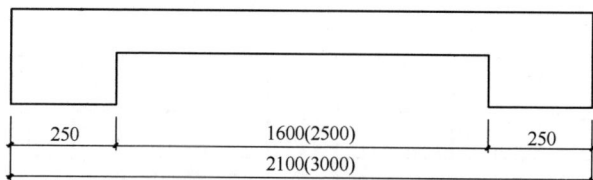

图 1-21　相似构件尺寸标注

（四）幕墙主要材料

参见《幕墙制作工》中"（四）幕墙主要材料"相关内容。

（五）幕墙安装常用机具

1. 幕墙常用机具概述

幕墙机具的应用涉及幕墙加工、运输、组装、安装等各个阶段和各个方面，不同幕墙类型使用的幕墙施工安装工具往往存在着较大的不同。幕墙安装常用机具主要包括施工专用工具和切割类机具两大部分，切割类机具又包括常用切割机具、钻孔类机具、钉（紧）固类机具。

2. 机具动力源选择

机具要依靠动力来操作，动力源是使用机具首先要解决的问题。机具的动力源一般分为电动和气动两大类。

3. 施工专用工具

（1）吊篮

吊篮是一种能够替代传统脚手架，可减轻劳动强度，提高工作效率，并能够重复使用的新型高处作业设备，具有操作灵活、移位容易、方便实用、安全可靠的特点。建筑吊篮在幕墙施工中使用已经相当普遍，在多层、高层建筑的幕墙施工安装、保温施工和维修清洗外墙等高空作业中得到广泛认可。吊篮整体由悬挂机构、悬挂平台、提升机、安全锁、工作钢丝绳、安全钢丝绳和电气箱及电气控制系统等组成（图1-22）。

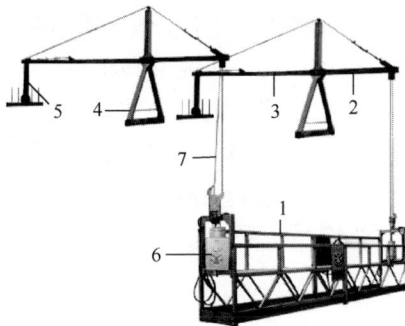

图 1-22 吊篮

1—篮体；2—前梁；3—中梁与后梁；4—前支架；

5—后支架；6—提升机；7—工作钢丝绳

（2）玻璃真空吸盘

玻璃真空吸盘是施工现场抬运玻璃的基本使用工具，由真空装置和软塑料或碗状橡胶吸盘头等组成，分无动力和有动力两种（图1-23）。

使用真空吸盘应注意：玻璃表面应洁净；吸盘吸附玻璃

20min 后，应取下重新吸附；减少吸盘摩擦。

图 1-23 吸盘

(a) 无动力吸盘；(b) 有动力吸盘

（3）葫芦

葫芦分手动葫芦和电动葫芦两种，手动葫芦是一种使用简单安全可靠、维护简便、机械效率高、手链拉力小、自重较轻便于携带、外形美观尺寸较小、经久耐用的手动起重机械，其构造原理是升级版的定滑轮，同时采用反向逆止刹车的减速器及单向制动器，在载荷下能自行制动，安全工作。适用于幕墙工程现场小型设备和货物的短距离吊运。手拉葫芦的外壳材质是优质合金钢，坚固耐磨，安全性能高。电动葫芦多为固定式环链电动葫芦，由电动机、传动机构和卷筒、链轮组成，壳体选用高强度拉伸壳体或压铸铝壳体，采用薄壁挤压成型工艺精密制造，性能结构先进，体积小，强度高，重量轻，性能可靠，操作方便，适用范围广（图 1-24）。

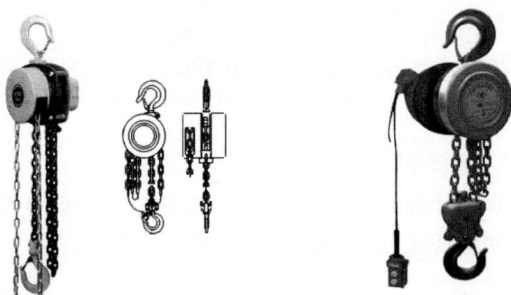

图 1-24 葫芦构造简图

（4）卷扬机

卷扬机是用卷筒缠绕钢丝绳或链条提升或牵引重物的轻小型起重设备，又称绞车，分为手动卷扬机和电动卷扬机两种，现多以电动卷扬机为主。卷扬机可以垂直提升、水平或倾斜拽引重物，幕墙工程多用卷扬机组装移动式吊车（又称炮车）进行幕墙材料的垂直运输和单元幕墙板块的吊装（图1-25）。

图 1-25　卷扬机构造简图
（a）手动；（b）电动

4. 钻孔类机具

钻孔类机具主要是手持式电动机具，包括手电钻、冲击钻、电锤钻。其主要优点是重量轻、效率高、操作简单、使用灵活、携带方便、适应能力强、互换性好。其工作原理是电磁旋转式或电磁往复式小容量电动机的电机转子做磁场切割做功运转，通过传动机构驱动作业装置，带动齿轮加大钻头的动力，从而使钻头刮削物体表面，更好地洞穿物体。区别是手电钻只可单钻，冲击钻可钻也可有稍微锤击的效果，电锤钻可钻和较高地锤击。

电钻产品是国家认证认可监督管理委员会规定的强制性认证产品，因此在选购时，应查阅工具的外包装上或工具的铭牌上是否有 3C 标志。

（1）手电钻

手电钻是最基本的手头工具，相对功率较小，它分主通用型、万能型和角向钻，外形、样式多种多样。

构造和原理：手电钻由电机及其传动装置、开关、钻头、夹头、壳体、调节套筒及辅助把手组成。其工作原理是通过开关接通电源，带动电机转动，电机带动变速装置使钻头转动，钻头按照一定的方向旋转，在人工轻压下按照人的意愿完成钻孔作业（图1-26）。

用途：手电钻的基本用途是钻孔和扩孔，可以在木材、金属、陶材和塑料上钻孔；如果配上不同的钻头、电子调节装置和正、逆转开关的机器，还可以进行打磨、抛光和扭入、扭出螺钉或攻丝。

（2）冲击钻

构造和原理：电冲击钻由单相串激电机、变速系统、冲击结构（齿盘式离合器）、传动轴、齿轮、夹头、钻头、控制开关及把手等组成，在钻的头部调节环上设有钻头和锤子标志（图1-27）。

图1-26　手电钻　　　　　　　图1-27　冲击钻

用途：是一种可调节式旋转带冲击的特种电钻，适合在混凝土、砖头和石材上进行锤钻及进行简单的锤击工作；也可以在木材、金属、陶材和塑料上进行无冲击功能的钻孔作业；有电子调速和正、逆转功能的机器，也可以进行拧转作业。

（3）电锤钻

构造和原理：主要由钻头、夹头、滚柱、调节套筒、传动系统、电机、壳体、控制开关和工作状态控制阀（挡把）等组成。其原理是利用底部电机带动两套齿轮结构，一套实现钻，另一套则带动活塞产生强大的冲击力，伴随着钻的效果，产生较大锤击（图1-28）。

用途：电锤钻简称电锤，是幕墙施工中常用的机具。一般适用于混凝土、砖头和石材上进行锤钻及进行简单的锤击工作；也可以在木材、金属、陶材和塑料上进行无冲击功能的钻孔作

图 1-28　电锤钻

业；有电子调速和正、逆转功机器，也可以进行拧转作业。常用于混凝土、砖砌体等结构的表面剔凿和开孔打洞作业和门窗、吊顶和设备安装中的钻孔、埋膨胀螺栓，也常配用空心钻头用于较大孔径的开孔等。

5. 紧固类工具

幕墙工程中紧固类机具较多，除常见的手动扳手类工具外，还包括电动扳手和扭矩扳手。

（1）扭矩扳手

扭矩扳手又称力矩扳手、扭力扳手等，是扳手的一种，一般

图 1-29　扭矩扳手

分为电动力矩扳手和手动力矩扳手。扭矩扳手既可初紧又可终紧，它的使用方法是先调节扭矩，再紧固螺栓。点支承玻璃幕墙支承装置上螺栓的紧固，多用扭矩扳手（图 1-29）。

扭矩扳手最主要特征是：可以设定扭矩，并且扭矩可调。对于高强螺栓的紧固，一般都要先初紧再终紧，而且每步都需要有严格的扭矩要求；大六角高强螺栓的初紧和终紧都必须使用扭矩扳手（扭矩可调）。

（2）电动扳手

电动扳手是以电源或电池为动力的扳手，是一种拧紧螺栓的工具。在幕墙工程中用于装、拆紧固件及拆卸螺栓、螺母等，可

图 1-30　电动扳手

适应螺栓直径范围为 M6～M48，具有功率大、耐撞击性强、操作方便、省时省力等特点（图 1-30）。

6. 常用切割机具

切常用切割机具包括锯类和切割类两种，锯类切割工具是利用锯片、锯条对材料进行锯断并达到加工要求，主要有转台式斜锯、往复锯和曲线锯等。

（1）手持电圆锯

电圆锯是对木材、纤维板、硅酸钙板和软、铝塑复合板等进行切割的工具。其中便携式手持电圆锯因具有自身轻、效率高、携带移动方便等优点而最为常用。

构造：电圆锯由电机、锯片、保护装置（罩）、调节底板等构成。切割不同的材料，可以选择不同的锯片（图 1-31）。

原理：电机转动通过壳内的齿轮变速使转轴获得动力，带动锯片工作。切割的角度和深度通过调节底板来控制。

（2）斜断锯

构造：转台式斜断锯主要由电机、携带柄、锯片、安全罩、支撑臂、固定系统、转动台、变角度把手、集尘袋等组成（图 1-32）。

图 1-31　手持电圆锯

图 1-32　斜断锯

原理：电机经过罩壳内的齿轮变速带动锯片的锯割运动。

适用范围：适合锯割硬木和软木，以及木屑夹板和纤维板，安装了合适的锯片后，也可以锯割铝制型材和塑料。

（3）金属切割锯

构造：金属切割锯主要由电机、防护罩、锯片、丝杆柄、搬运固定装置、电机等组成（图1-33）。

原理：电机转动，并通过壳内的齿轮变速使转轴获得动力，带动锯片工作。

适用范围：通过直切削过程且不使用水就可对金属材料进行纵向和横向切削，斜角可达45°。可用于钢板、铝板、不锈钢板等金属材料的切割。

（4）型材切割机

型材切割机通常又叫无齿锯，主要用于钢管、角钢、槽钢、扁钢、合金、铜材、不锈钢等金属的横断切割，是施工作业的必备工具。

构造：型材切割机是由电机、手柄、防护罩、底座、丝杆柄、切割片等组成（图1-34）。

图 1-33　金属切割锯　　　　图 1-34　型材切割机

原理：电机转动，经齿轮变速直接带动切割片高速转动，利用切割砂轮磨削原理，在砂轮与工件接触处高速旋转，实现切割。

（5）云石机

云石机又称手提式切割机，是专门用于石材切割的机具。各种大理石、花岗岩、瓷砖、石材的切割一般用云石机来完成，但

图 1-35 云石机

云石机不可用来切割木材、塑胶或金属。云石机具有重量轻、移动灵活方便、占用场地小等优点。

构造：云石机由电机、调节平台板、锁杆、安全防护罩、把手、开关旋塞水阀、切割片等组成（图 1-35）。

原理：电机转动，经齿轮变速直接带动切割片转动而对工件进行切割。云石机对工件的切割也是利用磨削的原理完成的，其中锁杆和调节平台板用以调节切割深度，旋塞水阀用以调节冷水水量。

7. 钉铆类机具

（1）射钉枪

射钉枪是一种直接完成紧固技术操作的工具，属于直接固结技术，利用射钉枪击发射钉弹使两个构件连成一体。主要用于焊铆、钻孔上螺栓等工艺不宜操作或操作不方便的构件固定。如在混凝土结构或钢材上固定木材或钢材，模型、托架的固定，铁件、龙骨、门窗、保温板、标牌等的固定（图 1-36）。

图 1-36 射钉枪

原理：利用发射空包弹产生的火药燃气作为动力，将射钉打入建筑体。

（2）拉铆枪

拉铆枪是幕墙施工较为常用的机具之一，广泛应用于拉铆作业中。拉铆枪按其提供的动力不同可分为手动式拉铆枪、电动式拉铆枪和风动式拉铆枪三种（图 1-37）。

8. 磨削类器具

研磨、刨削是为达到构件或装饰表面的平整、光滑效果而采

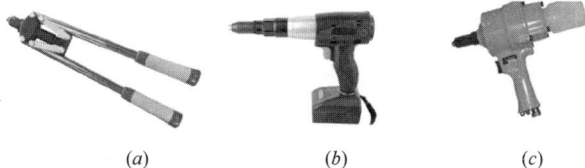

图 1-37　拉铆枪

(a) 手动；(b) 电动；(c) 风动

用的操作工艺。装饰施工中，磨削是一道必不可少的工序。

（1）角磨机

电动角磨机是利用高速旋转的薄片砂轮以及橡胶砂轮、钢丝轮等对金属构件进行磨削、切削、除锈、磨光加工（图 1-38）。

角磨机适合用来切割、研磨及刷磨金属与石材，作业时不可使用水。切割石材时必须使用引导板。对于配备了电子控制装置的机型，如果在此类机器上安装合适的附件，也可以进行研磨及抛光作业。

图 1-38　角磨机

（2）直磨机

直磨机适用于研磨金属、抛光及去除金属上的毛边，修整模具，内圆打磨等多种用途。幕墙工程中，常用直磨机进行焊缝的打磨，型钢端部的打磨、去刺等（图 1-39）。

图 1-39　直磨机

（3）砂带磨光机

砂带磨光机主要用于磨砂和磨光木制品，金属表面的除锈，去除油渍，金属、石材、水泥及相似物质的表面磨光，是代替人工对部件表面进行打砂纸的工作，从而加快进度，减轻劳动强度，且能提高质量（图1-40）。

图1-40　砂带磨光机

构造：砂带磨光机主要由电机、机壳、传动装置、工作头（鞋形底板、砂带、驱动和从动轮）等组成。

原理：利用电机带动传动装置，使驱动轮带动砂带旋转达到打磨的目的。

二、建筑幕墙安装基本工艺

建筑幕墙工程施工安装基本工艺包括施工测量放线、预埋件工程、幕墙防腐、幕墙防火、幕墙保温、幕墙防雷及幕墙收边收口等，不同幕墙类型施工安装中几乎均包括上述基本工艺。

（一）测 量 放 线

施工测量放线是整个幕墙工程中首道施工工序，既是基础工作，也是非常重要的施工工序，对幕墙材料的加工、龙骨和面板的安装起到非常重要的作用，直接影响幕墙安装质量，必须对此项工作引起足够的重视。提高测量放线的精度，消除主体结构施工出现的误差是确保幕墙施工质量的重要环节。

1. 测量目标

幕墙的测量目标，即依据主体结构测量的基准点，测放出幕墙能够利用的点位。幕墙的测量根据控制的点位分为内控法和外控法。

内控法是主体结构的控制网布置在主体结构内部，并在每层楼的楼板上预留测量口。外控法是在主体结构的外围布置控制网，一般的控制网的基准都布置在一层，同时利用两台经纬仪或全站仪进行交点定位或距离测量，定出待测量的坐标。幕墙工程测量常用内控法。

2. 测量仪器及量具

（1）常用仪器及量具

幕墙工程常用测量仪器及量具如表 2-1 所示。

幕墙工程常用测量仪器及量具 表 2-1

序号	名称	用途
1	全站仪	平面控制网的测设、高程传递
2	经纬仪	测量水平和竖直角度
3	激光铅垂仪	铅直定位测量，传递基点，方便楼层的轴网定位
4	激光指向仪	标识直线
5	水准仪	标高测量控制
6	对讲机	联络和指挥调度
7	钢卷尺	测量较长工件的尺寸或距离
8	米盒尺	

现场测量用机具主要包括焊机及用具、电锤、电钻、重锤、墨斗及铅笔等；现场测量用材料主要有角钢、膨胀螺栓、钢丝线、鱼线等。

（2）校正与维护

1）幕墙测量仪器、量具应按国家计量部门或工程建设主管部门的有关规定进行检定，合格后方可使用。

2）幕墙测量仪器、量具除按规定周期检定外，对经常使用的经纬仪、水准仪的主要轴系关系应在每项工程施工测量前进行检验校定，施工中还应每隔 1~3 个月进行定期检验校正。

3）幕墙测量仪器、量具的使用应按有关操作规程进行，并应精心保管，加强维护保养，使其保持良好状态。

3. 测量依据与要求

（1）测量依据

幕墙工程测量放线应根据下列资料进行：

1）建筑施工图及经建筑设计单位确认的幕墙施工图。

2）建设单位或总包单位提供的首级控制网点等测量成果以及国家控制点数据。

3）相关国家、行业标准及规范。

（2）基本规定

1）施工层标高的传递，宜采用悬挂钢尺代替水准尺的水准测量方法，并应进行温度、尺长和拉力改正。传递点的数目，应根据建筑物的大小和高度确定。规模较小的工业建筑或多层民用建筑宜从首层的 2 处向上传递，规模较大的工业建筑或高层民用建筑宜从首层的 3 处向上传递。传递的标高校差小于 3mm 时，可取其平均值作为施工层的标高基准，否则，应重新传递。

2）建筑物高程控制应采用水准测量。符合路线闭合差，不应低于四级水准的要求；基准点可设置在平面控制网的标桩或外围的固定物上，也可单独埋设。基准点不应少于两个；当场地高程控制点距离施工建筑物小于 200m 时，可直接利用。

3）测量时应掌握天气情况，在风力不大于 4 级时进行，确保数据准确。

（3）测量准备

幕墙工程施工测量准备工作内容包括图纸准备、技术准备、人员准备、仪器准备、机具准备、材料准备等方面。

4. 施工测量流程

测量基准点复核—平面控制网的建立—高程控制网的建立—测量主体结构偏差—幕墙分施工段放线—完成所有幕墙分格的钢丝控制线、控制标识点。

（1）测量基准点复核

测量基准点及控制网图上的数据在幕墙工程进场后由总包单位提供，应用全站仪对基准点进行检查，对出现的误差进行适当的分配。经检查确认无误后，填写轴线、控制线实测角度、尺寸、记录表，并根据施工段确定各施工段内的起始点，从基准点引出测量主控线。

（2）平面控制网的建立

以建设单位或总包单位提供的首层测量基准点为基础，经校核无误后，建立幕墙首层平面控制网，以此平面控制网为基准，依据设计图纸与控制点的位置关系，测放幕墙的内控制线；并在线上标明至幕墙的距离；内控线施放完毕后，同样以经校核无误、由建设单位或总包单位提供的首层测量基准点为基础，依据设计图纸与控制点的位置关系，引至建筑外侧空旷的地面上，并做标识，形成外控制线。

幕墙首层平面控制网和顶层平面控制网施放完毕后，经与外控线校核无误后，方可进行幕墙施工。

幕墙控制线必须是闭合导线，以便确定测量精度，只有在不能通视的位置才可使用支导线测量，测量点必须妥善保护，除把线放到地面上外，还应把线引至梁的外表面，以免地面处理后无法修复（图 2-1）。

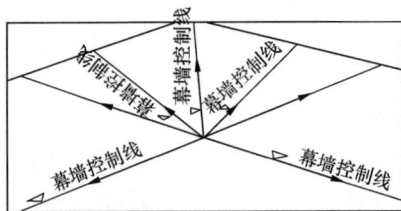

图 2-1　内控制线

（3）高程控制网的建立

从总包单位提供的水准控制基准点测设至结构首层框架柱上建筑面容易上下拉尺的位置，此水准点与基准点往返测量并消除误差。此点在柱面以倒三角红漆表示，数字表示测量相对标高（图 2-2）。

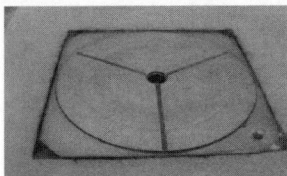

图 2-2　水准控制点

在测定的水准点处，在楼层内预留的传递孔处拉尺，尺子下部悬挂线锤，静置后用等高法测量，在相对方向主体结构的梁、柱表面的高程点，拉钢卷尺，向上传递高程，交叉测量，校核高程，消除误差。

以首层水准点开始，分别在每层的 1m 处作标记，对应查出钢尺的误差及温度变化值，修改标记后，用油漆记录在主柱同一位置，并注明幕墙专用，此高度标志必须予以保护，不可被消除破坏。标高测量误差，层与层之间不超过 2mm，总标高不超过 20mm（图2-3）。

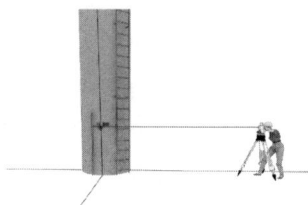

图2-3　幕墙内控制线

每层抄一圈闭合水准点，并进行误差分析，在每个分立面上至少设置两个水准点，便于进行安装校核。安装时以此水准点每三层消除一次安装误差，避免误差累积。

（4）测量主体结构偏差

根据轴线控制线或利用经纬仪架设在内控网或外控网上，对已施工的主体结构与幕墙安装有关的部位进行全面复测；由于主体结构施工偏差而妨碍幕墙施工安装时，应在幕墙安装前会同建设单位、设计单位和土建施工单位采取相应措施。

复测内容包括：结构边、各层标高、垂直度、局部凹凸程度及埋件的左右、进出及标高等。

根据建筑图纸中建筑物轴线及标高，派专职测量人员对建筑物外形进行认真、精确的测量，同时按幕墙图纸进行放线，确定幕墙外表平面线和幕墙立柱分格垂直线。测量放线后，检查建筑物的结构边线，在允许偏差的范围内，方可进行幕墙的施工工作；如结构边线超出允许偏差的范围，应及时分析原因，解决问题。偏差过大的原因及处理方法见表2-2。

偏差过大的原因及处理方法　　　　　　　　　表2-2

原因分析	处理方法
主体结构施工误差	对主体结构进行修正
改变建筑物部分主体结构	按实际尺寸绘制实测图，对幕墙图纸进行重新设计或补充设计
幕墙材料的改变	对幕墙图纸进行重新设计或补充设计
幕墙图纸和主体结构图纸不一致	对幕墙图纸进行补充设计

（5）幕墙分施工段放线

为减少幕墙工程安装尺寸的累积误差，便于控制、检测安装精度，可将幕墙分成多个控制单元，建筑轴线与幕墙上、下边线的交点即幕墙单元尺寸精度控制点，从测量放线、结构安装及调整、面板安装并调节到位，都应按精度控制点来进行尺寸控制。

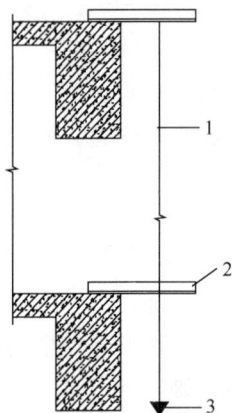

图 2-4　悬吊线锤示意
1—钢丝；2—角钢；
3—线锤

以确定好的控制点为基准，将每对水平控制点、竖向控制点用拉线连接，连接后的拉线在空中形成网面，用记号笔将每个网格的交叉点做上标记，以确保施工过程中拉线的交叉点不变。

幕墙主控点及相关控制点的确定：复测相关轴线、标高，由上往下放钢丝线，为避免钢丝线摆动，在其下端悬吊线锤，并在中间楼层处设一固定支点，用经纬仪校核钢丝线垂直度，以提供的标高为基准，使用水准仪、钢卷尺进行标高传递，所用线锤的重量和钢丝直径，随高差的增加而增加（图 2-4）。

确定幕墙立柱的外表平面后，根据幕墙图纸，在幕墙首层平面控制网测量出每根立柱的分格垂直位置，采用垂准经纬仪向上投测到幕墙顶层控制线上，在初始控制线和顶层控制线之间的分格垂直位置上拉线，在外表平面的一个平面中，形成了每根立柱的分格垂直线，以设计图纸及每层水平控制线为依据，在竖向龙骨上标注横向龙骨分格线。

幕墙工程施工测量过程中应严格控制测量误差，测量必须经过反复检查、核实。施工测量精度需满足表 2-3 要求。

施工测量精度表　　　　　　　　　　　　　　　　　表 2-3

项目	允许偏差（mm）	项目	允许偏差（mm）
测量控制点	±3	安装控制点	±3
水平	±3	垂直度、水平度	±5

（6）安装过程的跟踪测量

在安装过程，必须对重要部位进行检测、校正。用全站仪配反射贴片三维坐标测量法是一种方便、准确方法。通过将重要部位检测的三维坐标值与设计位置进行比较，得出修正量，进而对结构准确校正。对垂直立面用经纬仪检测。

（7）测点保护

测设的控制点，应射入钢钉并用油漆标记，加以保护。

测设的水平控制点应设置在永久的结构上，用油漆标记，并标明标高，注意标记要与其他单位的标记分开（图 2-5）。

安装在外墙上的基准钢线的固定支架，不能成为其他单位施工时的辅助支架，应时常查看钢线是否断开，并随时清除上面的建筑垃圾。

图 2-5　水平控制点设置

5. 质量保证及安全防护措施

（1）质量保证措施

加强质量管理，对各施工班组进行正规的技术交底，做到统一开会，统一调配工作，统一所有控制点、线，才能保证整体外装饰面的完美效果。

对测量放线的质量控制：利用全站仪把长度尺寸控制在 1mm 内。每个步骤施工中，技术员及质量员随时跟踪检查并做好检查记录。发现问题必须立即整改。

（2）安全防护措施

进入施工现场必须戴好安全帽、系好安全带，在高处或临边作业必须挂好安全带，安全带高挂低用。

电焊工作业时必须持证上岗，配备灭火器，设立专职看火人，并在焊前清理干净周围的易燃物。

放线前需先对所用的仪器设备进行检测、校对，以确保其准确性。

（二）预埋件工程

幕墙与混凝土结构宜通过预埋件连接，预埋件应在主体结构混凝土施工时埋入。幕墙用埋件按照埋设顺序分为预埋件和后置埋件，预埋件又分为板式埋件、槽式埋件两种（图 2-6）。

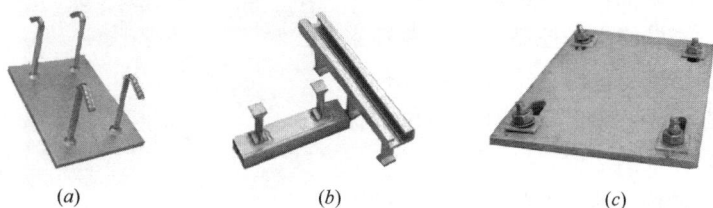

图 2-6 埋件的种类
（a）板式埋件；（b）槽式埋件；（c）后置埋件

1. 预埋件安装

（1）埋设要求

1）混凝土梁、楼板底部埋件应在模板底模完成后、钢筋施工前完成，并用钢钉将预埋件固定牢固，防止钢筋施工时移位；梁、板侧及顶部预埋件应在钢筋绑扎完成后，外侧模板合模前完成定位安装，合模后应复查埋件空间位置，对有位置移动的预埋件，应在混凝土浇筑前全部调整到位。

2）将预埋件锚筋前端钩挂在主体结构钢筋上，或将预埋件锚筋前端搭接在主体结构钢筋上，预埋件的埋板应与墙体表面平行；将锚筋绑扎在主体结构钢筋上（图 2-7）。

3）预埋件埋设过程中，应以多轴线或标高进行埋设，若以单轴线定位，丈量过程中尺寸误差会累积，造成埋件的偏位（图 2-8）。

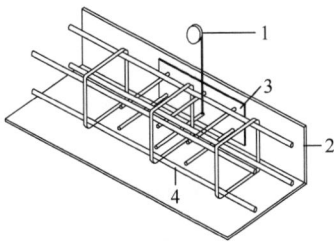

图 2-7 预埋件埋设及绑扎示意
1—钢卷尺；2—模板；
3—预埋件；4—钢筋

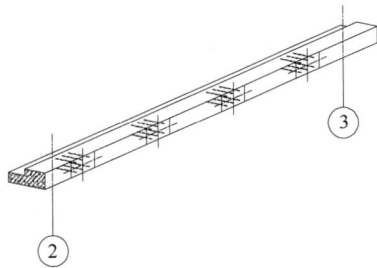

图 2-8 预埋件埋设控制
轴线示意

4）若预埋件埋设中碰到埋件在箍筋的空档处，则可添加辅助钢筋，或用铁丝与主筋扎牢（图 2-9）。

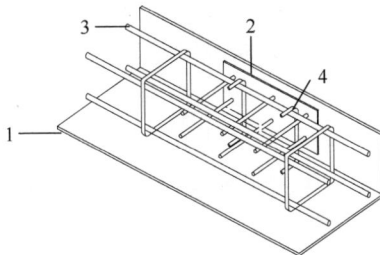

图 2-9 预埋件埋设辅助钢筋构造示意
1—模板；2—预埋件；3—钢筋；4—辅助钢筋

5）预埋件固定要求：利用螺栓紧固卡子使预埋件贴紧模板，成型后再拆除卡子；预埋件面积不大时，可用普通铁钉或木螺栓将预先打孔的预埋件固定在木模板上。当混凝土断面较小时，可将预埋件的锚筋接长，绑扎固定。严禁将锚筋与钢筋进行点焊或焊接。

6）预埋件埋设好以后，在浇捣混凝土时，要注意保护预埋件。混凝土施工的振动棒在预埋件一边时，应延长振捣时间，埋件周边的混凝土一定要浇捣密实，避免产生漏浆及空鼓现象，影响预埋件的质量。

7）在施工时应与建筑物的防雷网接通。

（2）施工流程

预埋件施工安装施工流程：测量放线—预埋板定位—预埋板安装、固定—预埋板安装复查。

1）测量放线：原则上预埋件测量放线应在混凝土结构底部模板制作完成后且钢筋绑扎前进行，梁、板侧及顶部预埋件应在钢筋绑扎完成后、外侧模板合模前进行，将预埋件分格线弹在底模外檐口处，显示出水准高度和预埋件中心位置（图 2-10）。

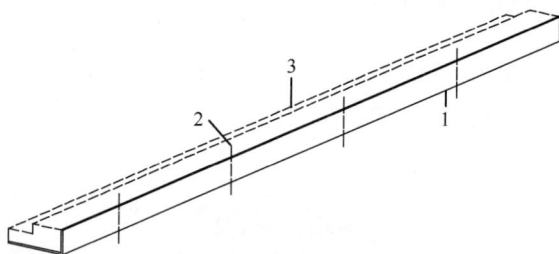

图 2-10　埋件测量放线
1—模板；2—分格线；3—待浇筑混凝土

2）预埋件安装：混凝土梁底预埋件必须在钢筋绑扎前全部安装到位，并用钢钉将预埋板牢固固定在模板上，必要时在钢筋绑扎后将埋件锚筋与钢筋用钢丝绑扎；梁侧、顶埋件在钢筋绑扎后、合模之前安装到位，用钢丝将埋件四个角的锚筋与梁钢筋绑扎牢靠。

3）安装复核：在混凝土模板合模固定后、必须对预埋件位置进行复核，对施工中各种因素造成的埋件偏位进行调整，保证锚板紧贴模板。

（3）预埋件检查

依据预埋件施工图，依次逐个找出预埋件，清除预埋件表面的覆盖物和预埋件内的填充物（槽形预埋件），并检查预埋件与主体结构结合是否牢固、位置是否正确。将每处的结构偏差与预埋件的偏差值记录下来，将检查结果反馈给设计进行分析，若预埋件结构偏差较大，达不到国家和地方标准的，则应将报告以及检查数据呈报给业主、监理、总包，并提出建议性处置方案供有关部门参考，待业主、监理、设计同意后再进行施工。

预埋件上下、左右检查：测量放样过程中，测量人员将预埋件标高线、分格线均用墨线弹在结构上。依据十字中心线，施工人员用钢卷尺进行测量，检查出预埋件左右、上下的偏差。检查尺寸计算：理论尺寸—实际尺寸＝偏差值尺寸。

预埋件进出检查：预埋件进出检查时，测量放线人员从首层与顶层间布置钢线检查，一般15m左右布置一根钢线，为减少垂直钢线的数量，横向使用鱼丝线进行结构检查。检查尺寸计算：理论尺寸—实际尺寸＝偏差尺寸。

（4）槽式预埋件安装

槽式预埋件与板式预埋件施工安装工艺基本相同，埋设前槽式预埋件C形槽内使用泡沫或胶带封闭，防止混凝土浇筑时进入槽内。埋设时用钢钉将槽式预埋件固定在木模板上，或用钢丝绑扎在钢筋上，模板拆除后从C形槽内去除填充材料（图2-11）。

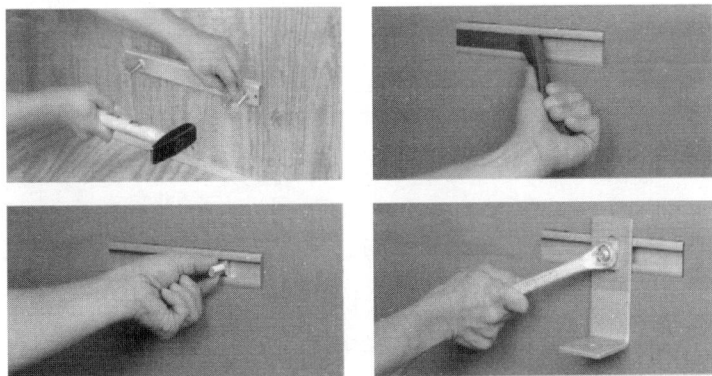

图2-11　槽式预埋件安装流程

2. 后置埋件安装

幕墙与主体结构间没有条件采用预埋件时，宜采用后置埋件，后置埋件的锚栓分为膨胀型锚栓、扩底型锚栓、化学锚栓和植筋。锚栓的规格尺寸、数量应由设计人员根据幕墙类型、计算数据来确定，并符合相关技术标准和规范的规定。

后置埋件一般采用 Q235-B 锚板，锚板应采用热镀锌等相应的防腐处理。锚板通过膨胀螺栓或化学锚栓与结构相连。锚栓在施工之前应进行拉拔试验，按照各种规格每三件为一组，试验可在现场进行。

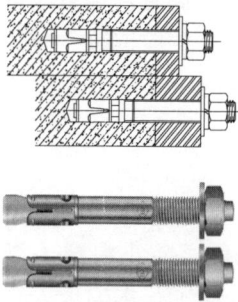

图 2-12 膨胀型锚栓

（1）膨胀型锚栓

膨胀型锚栓是利用椎体与膨胀片（或膨胀套筒）的相对移动，促使膨胀片膨胀，与孔壁混凝土产生膨胀挤压力，并通过剪切摩擦作用产生抗拔力，实现对被连接件锚固的一种组件（图 2-12）。

1）膨胀型锚栓钻孔质量及其直径允许偏差应满足表 2-4 规定。

膨胀型锚栓钻孔质量及其直径允许偏差　　　　表 2-4

钻孔质量要求		钻孔直径允许偏差	
检查项目	允许偏差	钻孔直径（mm）	允许偏差
锚孔深度（mm）	+5，0	≤14	+0.3，0
锚孔垂直度（%）	±2	16～22	+0.4，0
锚孔位置（mm）	±5	24～28	+0.5，0

2）膨胀型锚栓应按照设计和产品说明书的规定进行安装，采用扭矩控制的膨胀型锚栓应采用扭矩扳手施加扭矩；贯穿式安装的锚栓应先将锚板定位，且对准锚栓孔后再进行锚栓的安装。控制扭矩、锚固深度和控制位移应符合设计及产品说明书的规

定，无规定时，应满足表 2-5 要求。

膨胀型锚栓锚固质量要求 表 2-5

锚栓种类	控制扭矩允许偏差	锚固深度允许偏差（mm）	控制位移允许偏差（mm）
扭矩控制式	±10%	+5，0	—
位移控制式	—	+5，0	+2，0

（2）扩底型锚栓

扩底型锚栓是指在混凝土基材打完直孔后，在孔的底部再次扩孔，扩孔后的型腔与锚栓张开的键片构成互锁机构，实现后锚固连接（图 2-13）。

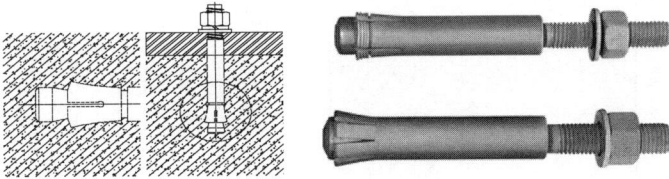

图 2-13 扩底型锚栓

1）扩底型锚栓按其扩孔方式分为预扩孔锚栓和自扩孔锚栓，安装原理及特点见表 2-6。

2）扩底型锚栓应采用专用设备钻孔、扩孔、清孔，应测量锚孔孔深、孔径及扩孔直径，合格后方可安装锚栓。

3）锚栓放入锚孔后，应测量锚栓的钢筒和螺杆相对于基面的外露长度，满足要求后将锚栓钢筒击打到位，锚栓钢筒安装到位后，应复测钢筒与基面的距离，满足要求后再安装锚固件。

4）自扩底型锚栓扩孔施工应使用专用工具，扩底的控制应以专用工具上的控制线为依据；钻孔、清孔完成后，可用游标卡尺或钢尺测量锚孔孔深，满足产品使用说明要求后，方可安装自扩底型锚栓。

表 2-6

扩底型锚栓安装原理

名称		定义	安装原理	特点
按扩孔方式分	预扩孔锚栓	通过专用的扩孔工具(扩孔钻头)在锚孔底部预先扩孔的扩孔型锚栓	在钻取直孔的基础上,再使用专用的扩孔工具(扩孔钻头),在孔的底部预先扩孔。通过敲击锚栓套管的方式,使锚栓的扩张机构在底部扩孔中进行扩张,填满底部已扩张的空间	安全可靠;膨胀应力为零
	自扩孔锚栓	通过安装机构上的扩张刀头在锚底部旋转切割扩孔和挤压安装的扩孔型锚栓	混凝土钻完孔后,需要在孔的底部再次扩大型腔,安装用的锚栓,为后扩孔型(底)锚栓。这种锚栓特征是锚栓本身自带扩孔刀齿或配备专用扩孔钻头	扩孔与安装同步完成;仍存在较大膨胀应力

名称		定义	安装原理	特点
按工作方式分	位移控制扩孔型锚栓	又称先置式扩孔型锚栓，即通过对锚栓施加拉力来制锚固作用		锚栓的套管完全进入混凝土中，只有螺杆穿过被固定物；可承受较大的拉力
	扭矩控制扩孔型锚栓	又称贯穿式扩孔型锚栓，即通过对锚栓施加扭矩来制锚固作用		锚栓的套管部分露出混凝土外，完全进入固定物内部；可承受巨大的扭矩

（3）化学锚栓

化学锚栓是通过特制的化学粘结剂，将螺杆胶结固定于混凝土基材钻孔中，以实现对固定件锚固的复合件，由化学胶管、螺杆、垫圈及螺母组成。螺杆、垫圈、螺母一般有镀锌钢和不锈钢两种，化学胶管含有反应树脂、固化剂和石英颗粒（图2-14）。

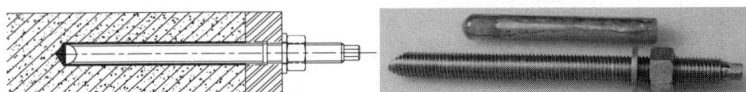

图 2-14　化学锚栓

1）化学锚栓应按照设计和产品说明书规定的工序进行施工，锚栓和钻孔之间的空隙应填充密实，锚栓安装后不应产生锚固胶的流失，固化时间内螺杆不应有明显位移。

2）化学锚栓安装时，基材等效养护龄期应超过 600℃·d；表面温度和孔内表层含水率应符合设计和锚固胶使用说明书要求，无明确要求时，基材表面温度不应低于 15℃；化学锚栓的施工严禁在大风、雨雪天气进行。

3）化学锚栓钻孔深度允许偏差应为 0～10mm，锚栓规格和对应孔径应符合设计及产品说明书规定，无要求时，应满足表 2-7 要求。

化学锚栓规格和钻孔孔径　　　　　　　　　　表 2-7

化学锚栓规格	钻孔孔径（mm）	化学锚栓规格	钻孔孔径（mm）
M8	10	M24	28
M10	12	M27	32
M12	14	M30	35
M16	18	M33	37
M20	24	M36	42

4）化学锚栓安装施工时应注意：采用厂家定型锚固胶管时，

应采用与产品配套的安装工具配合安装，安装时应严格按产品要求控制锚栓的安装深度，旋插到规定深度后应立即停止；采用组合式锚固胶或 AB 组分的锚固胶时，锚栓应按照单一方向旋入锚孔，达到规定深度；从注胶到化学锚栓安装完成的时间，不应超过产品说明书规定的适用期，否则应清除锚固胶，按照原工序重新安装；植入的锚栓应立即校正方向，并应保证植入的锚栓处于孔洞中心位置，锚栓与混凝土面应尽量成 90°角，即垂直于混凝土面；把埋板套在锚杆上；调整埋板的位置和平整度，使其符合要求；拧紧螺母，使之牢固，螺母应有防松脱措施；锚栓安装完成后，在满足产品规定的固化温度和对应的静置时间后，方可进行下道工序的施工。

（4）植筋

植筋是指在混凝土、墙体岩石等基材上钻孔，然后注入高强植筋胶，再插入钢筋或型材，胶固化后将钢筋与基材粘结为一体，是加固补强行业较常用的一种建筑工程技术（图 2-15）。

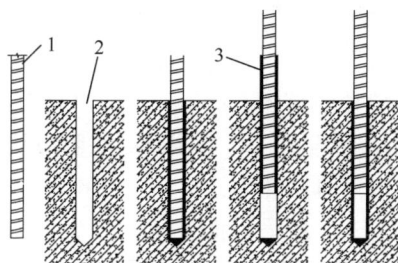

图 2-15　化学植筋外形要求及其破坏状态

1—钢筋；2—锚孔；3—粘结剂

1）植筋施工时基材表面温度和孔内表层含水率应符合设计和粘结剂使用说明书要求，无明确要求时，基材表面温度不应低于 15℃；植筋施工严禁在大风、雨雪天气露天进行。

2）植筋钻孔前，应认真进行孔位的放样和定位，错开主体结构钢筋位置，标注出植筋位置，请监理等有关部门验线，合格后方可钻孔。植筋钻孔孔径允许偏差应满足表 2-8 的要求，钻孔深度、垂直度和位置允许偏差应满足表 2-9 要求。

植筋钻孔孔径允许偏差   表 2-8

钻孔直径（mm）	允许偏差	钻孔直径（mm）	允许偏差
＜14	＋1.0，0	22～32	＋2.0，0
14～20	＋1.5，0	34～40	＋2.5，0

钻孔深度、垂直度和位置允许偏差   表 2-9

序号	植筋部位	允许偏差		
		钻孔深度（mm）	垂直度（%）	钻孔位置（mm）
1	基础	＋20，0	±5	±10
2	上部构件	＋10，0	±3	±5
3	连接节点	＋5，0	±1	±3

3）注胶施工应符合下列规定：应采用专用的注胶桶或送胶棒，注胶前，应先将注射筒内胶体挤出一部分，待出胶均匀后方可入孔；采用自动搅拌注射混合包装的锚固胶时，应按产品说明书规定的工艺进行操作，注胶前应经过试操作，若试操作结果表明该自动搅拌器搅拌的胶体不均匀，应予以弃用；锚孔深度大于200mm 时，可采用混合管延长器注胶；注胶应从孔底向外均匀、缓慢地进行，应注意排除孔内的空气，注胶量应以植入锚栓后略有胶液被挤出为宜；不应采用将螺杆从胶桶中粘胶直接塞进孔洞的施工方法。

（5）施工流程

膨胀型、扩底型锚栓施工流程：放线定位—钻孔—清孔—锚栓安装—抗拔试验（抽检）—后置锚板安装—锚板调整、固定。

化学锚栓施工流程：放线定位—钻孔—清孔—置入药剂管—钻入螺栓—凝胶过程—硬化过程—抗拔试验（抽检）—后置锚板安装—锚板调整、固定。

植筋施工流程：放线定位—钻孔—清孔—注胶—植筋—固化养护—抗拔试验（抽检）—后置锚板安装—锚板调整、固定。

1）放线定位

使用水准仪确定后置埋板安装的水平位置，然后使用吊坠找出竖向位置，使用墨斗弹十字线标定埋板中心位置。选用透明塑料或硬纸板，按照实际锚板规格尺寸、开孔大小及形式做 1：1 模板，在混凝土基材表面上画出打孔位置（图 2-16）。

锚栓布置应避开装饰层及抹灰层，应锚固在坚实的混凝土基层内，宜深入有钢筋环绕的结构核心区内，不应锚固在混凝土保护层内；当有抹灰层或装饰层时，应清除后再安装；锚栓轴线至混凝土构件边缘的距离应满足设计要求。

2）钻孔

用带有标尺的冲击钻打孔，控制打孔深度。在混凝土墙体上先预钻入 60mm 左右，若没遇到钢筋则继续钻孔，直至达到要求为止；若遇到钢筋，则需调整埋板位置，然后再钻孔（图 2-17）。

图 2-16　放线定位　　　　　　图 2-17　钻孔

对于废孔，应用化学锚固胶或高强度等级的树脂水泥砂浆填实。

3）清孔

在混凝土上打好孔洞后，先用吸尘器或吹气泵将孔内粉尘清扫干净，然后用金属毛刷将附着在孔壁的细粉尘清除，再用吸尘器或吹气泵将孔内粉尘清扫干净（图 2-18）。

4）药管植入及锚栓安装

①膨胀螺栓：选择一个与膨胀螺栓相同直径的合金钻头，安装在电钻上对混凝土等基材打孔，孔的深度最好与螺栓的长度

图 2-18　清孔

相同，然后把膨胀螺栓组件一起置于孔内（不应把螺帽拧掉，防止孔钻得比较深时，螺栓掉进孔内而不方便往外取）。把螺帽拧紧 2～3 扣后，感觉膨胀螺栓较紧而不松动后再拧下螺帽，再把锚板对准螺栓装上，装上外面的垫片或弹簧垫圈把螺帽拧紧即可。膨胀螺栓锚入时必须保持垂直混凝土面，不允许膨胀螺栓上倾或下斜，确保膨胀螺栓有充分的锚固深度，螺栓的埋设应牢固、可靠，不得露出套管。螺母应有防松脱措施。

②扩底型锚栓：预扩孔锚栓在钻取直孔的基础上，将后扩孔钻头安装在冲击钻上插入孔中，调整钻头定位套设定位移，并确定扩孔直径，当冲击钻传动杆向下移动到设定位移刻度时，即扩孔完成。将套筒穿在锚栓头部，用锤子敲击套管，使锚栓根部扩张片张开，与扩孔腔完全接触，形成锁定机构，套上锚板，调校平整后放上垫片螺母，用扳手施加扭力达到设计扭矩，安装完毕（图 2-19）。

自扩孔锚栓在钻取底孔的基础上，使用电锤旋转挤压锚栓，使锚栓扩张机构上的刀头在锚孔底部扩孔，同时扩张机构在底部的扩孔中扩张，填满底部已扩张的空间（图 2-20）。

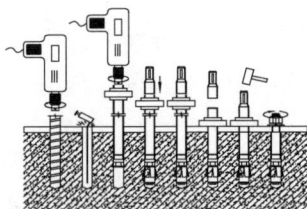

图 2-19　预扩孔锚栓安装

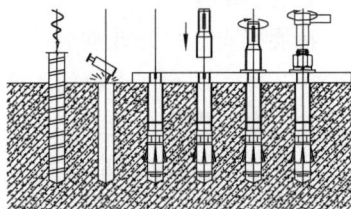

图 2-20　自扩孔锚栓安装

44

③ 化学锚栓：将药剂管插入洁净的孔中，插入时保证药剂管内树脂在手温条件下能像蜂蜜一样流动，方可使用药剂管。用厂家提供的配套电钻（具备钻孔和旋入螺杆的双重功能，钻速为750/min）旋入螺杆，螺栓旋入，药剂管破碎，树脂、固化剂和石英颗粒混合，并填充锚栓与孔壁之间的孔隙，待洞口有少量混合物流出即可停止（图2-21）。

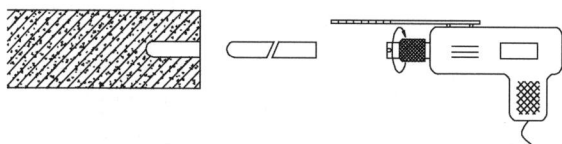

图 2-21　化学锚栓安装示意

锚栓植入后，不可立即进行下一步施工，必须等到锚栓里化学药剂反应、凝固完成后方可开始下步施工，凝固期间不可摇动螺杆。化学锚栓药剂反应时间及锚栓钻孔深度、锚固长度等参见表 2-10、表 2-11。

化学锚栓药剂反应时间　　　　　　　　　表 2-10

温度（℃）	凝胶时间（min）	硬化时间（min）
−5～0	60	300
0～10	30	60
10～20	20	30
20～40	8	20

化学锚栓构造要求　　　　　　　　　表 2-11

锚栓规格	M8×110	M10×130	M12×160	M16×190	M20×260	M24×300
钻孔深度（mm）	80	90	110	125	170	210
最大锚固厚度（mm）	20	20	25	35	65	65
最小边距（mm）	45	45	55	65	85	105

锚栓规格	M8×110	M10×130	M12×160	M16×190	M20×260	M24×300
最小锚栓间距 （mm）	45	45	55	65	85	105
基材最小厚度 （mm）	90	110	130	145	190	230
锚固长度	75	90	110	130	160	220

④ 植筋：植筋胶是双组分专用成品，取一组强力植筋胶，装进套筒内，安置到专用手动注射器上，慢慢扣动扳机，排出铂包口处较稀的胶液废弃不用，然后将螺旋混合嘴伸入孔底，如长度不够可用塑料管加长，然后扣动扳机，扳机孔动一次，注射器后退一下，这样可排出孔内空气。为了使钢筋植入后孔内胶液饱满，又不使胶液外流，孔内注胶达到 80% 即可。孔内注满胶后应立即植筋；植筋前要把钢筋植入部分用钢丝刷反复刷，清除锈污，再用酒精或丙酮清洗。钻孔内注完胶后，把经除锈处理过的钢筋立即放入孔口，然后慢慢单向旋入，不可中途逆向反转，直至钢筋伸入孔底。强力植筋胶在常温下完成固化，50h 后便可进行下道工序施工，在强力植筋胶完全固化前不可振动钢筋。

（6）其他要求

1）植筋后，一般不允许在所植钢筋上焊接，如确实需要焊接时，焊点距离基材混凝土表面应大于 $15d$，且应采用冰水浸渍的毛巾包裹植筋外露部分的根部，防止焊接热量把混凝土烧炸。

2）植筋用钢筋必须按要求除锈，钢筋表面不能有油渍等杂物。

3）钻孔时最好使用与锚栓相匹配的钻头，并不得损伤钢筋。

4）药剂管在冬季时，应提前对其进行保温处理，以保证药管在插入钻孔时有足够的流动性（手温状态下，树脂像蜂蜜一样流动）。

5）化学锚栓螺杆必须用电钻旋入，不允许直接敲入；化学锚栓深度应达到标准，严禁将锚栓长度割短，化学锚栓与混凝土面应尽量成 90°角，即垂直于混凝土面（图 2-22）。

6）后锚固埋件锚板安装前，应将混凝土结构梁与锚板接触面进行凿毛找平处理，锚板与混凝土表面缝隙采用高强度树脂砂浆填充密实。

7）在锚板表面进行焊接时，应采取有效措施降低焊接高温对锚固胶的不良影响。

3. 预埋件偏差处理

针对现场出现的预埋件偏位，应根据偏位尺寸大小等进

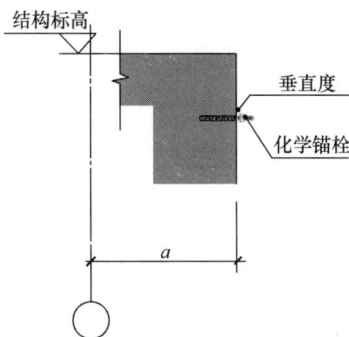

图 2-22　化学锚栓垂直度

行相应的后补焊接或后补锚栓固定施工；当预埋件位置偏差较大无法使用，或预埋件出现漏埋时，应重新制作安装后置埋件。

（1）预埋件检查

测量人员将预埋件标高线、分格线均用墨线弹在结构上，依据十字中心线，施工人员用尺子进行测量，检查出预埋件左右、上下的偏差（图 2-23）。

预埋件进出检查时，测量放线人员从首层与顶层用钢线检查，一般在 15m 左右布置一根钢线，为减少垂直钢线的数量，横向使用鱼丝线进行结构检查，检查尺寸计算：理论尺寸－实际尺寸＝偏差尺寸（图 2-24）。

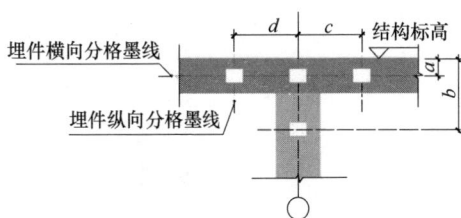

图 2-23　埋件平面内检查

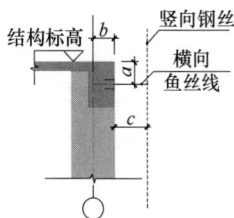

图 2-24　埋件进出检查

（2）偏差处理

左右偏差处理：当预埋件在混凝土梁、柱上下、左右位置偏差较小时，可按设计要求采用与预埋件相同厚度、相同材质的钢板进行补板。锚板预埋板补埋一端采用焊接方式，另一端采用锚栓与主体结构可靠固定，锚栓宜采用化学锚栓（图 2-25）。

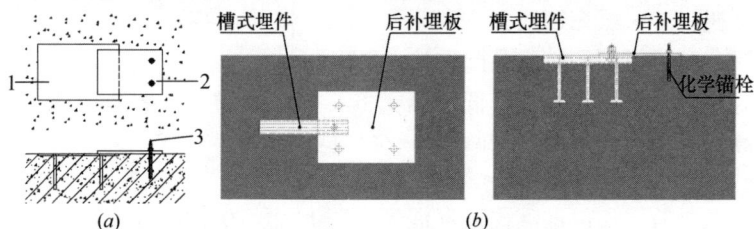

图 2-25　埋件左右偏差处理方案

（a）板式埋件；（b）槽式埋件

1—板式埋件；2—后补钢板；3—化学锚栓

倾斜偏差处理：预埋件出现偏斜时，可以转动转接件角度，以适应预埋件埋设产生的倾斜，也可采用新的后置锚板代替（图 2-26）。

锚板空洞处理：预埋件锚板下混凝土出现空洞时，应采用水泥砂浆填实（图 2-27）。

内凹偏差处理：因楼层向内凹偏移，或埋设时埋板内凹进混凝土内，引起转接件长度不够，无法正常安装时，可采用加长转

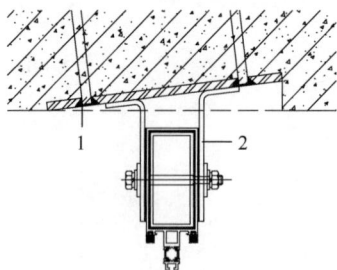

图 2-26　埋件倾斜处理方案

1—板式埋件；2—加长连接件

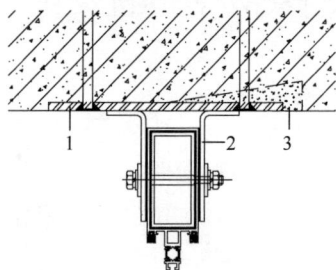

图 2-27　埋件空洞处理方案

1—板式埋件；2—连接件；3—水泥砂浆

接件的办法解决，也可采用在预埋件上焊接钢板或槽钢加垫的方法解决（图 2-28）。

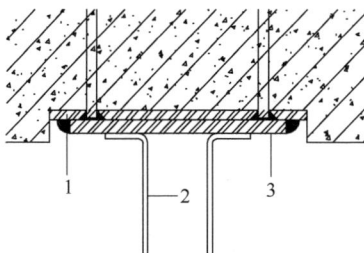

图 2-28　埋件内凹偏差处理方案
1—板式埋件；2—连接件；3—补垫钢板

（3）质量控制要点

1）严格控制打孔位置和尺寸。在保证锚栓打孔位置后，孔径与孔深严格按照设计要求进行控制；螺栓一定要旋紧，不得松动，旋紧后宜进行点焊，并进行防腐处理。

2）严格按程序操作。使用锚栓时，一定要严格按照设计及产品说明书进行操作，一是要控制孔深，二是要除尽孔内粉尘，三是化学锚栓化学药剂固化后方可受力承载。特别注意的是，打孔时一定要避开混凝土中主筋，以免削弱主体结构的强度。

3）不允许悬空连接。预埋件偏差处理补板时不允许悬空连接，检查埋板下方混凝土填充是否密实，若有空洞现象必须处理。

4）必须做拉拔试验。后置埋件现场应做拉拔力测试，后置埋件安装完毕后必须进行防腐处理。

（三）幕墙防腐

幕墙龙骨和连接系统大部分是金属材料，因为时间、环境等因素易遭到腐蚀破坏，而幕墙支承结构长期受力，特别是连接系统，通常位于隐蔽部位，无法定期进行检查和维护，一旦破坏或失效将造成极大的破坏，因此幕墙防腐具有十分重要的意义。

1. 腐蚀的分类

金属的腐蚀是指金属或合金与周围接触到的气体或液体进行化学反应而腐蚀损耗的过程。腐蚀按机理可分为化学腐蚀和电化学腐蚀两类。

2. 防腐蚀具体措施

防止幕墙腐蚀方法主要有：①改善金属的组织结构以增加其抗腐蚀能力；②涂覆保护层，使金属与腐蚀介质隔绝；③控制环境、改善介质；缓蚀剂法；④阴极保护法。利用涂、镀、渗等覆盖层把金属材料与腐蚀性大气环境有效隔离，是幕墙构件常用的防腐蚀处理方法。

（1）钢材防腐

幕墙工程常见的钢材防腐方法有三种：一是钢材本身防腐，即采用具有抗腐能力的耐候钢；二是长效防腐蚀方法，即采用热镀锌复合涂层进行钢材表面处理，使钢材的防腐蚀年限达到20～30年，甚至更长；三是涂层法，即在钢结构表面涂（喷）油漆或其他防腐蚀材料。

（2）石材防护

石材防护剂是一种专门用来保护石材的液体，可分为防水性和防污性两大类，幕墙用石材面板必须采用六面防护措施。光面石材选用增加石材光泽度的防护剂，密闭空间选用水性防护剂，干挂石材选用憎水性防护剂，易接触油污部位采用防油性防护剂，寒冷地区选用油性防护剂。

（3）焊缝防腐

幕墙工程现场施焊后焊缝的防腐应按被焊接件的防腐标准及施工工艺进行防护处理，但在幕墙工程施工过程中，因受场地、设备、工艺等因素限制，当现场施焊后焊缝无法按被焊接件的防腐方法及施工工艺进行防腐处理时，应在保证其防腐效果不低于被焊接件的防腐效果的情况下，采用其他的防护材料和施工工艺。

幕墙的镀锌或热浸锌转接件、连接件、预埋件等部位现场施焊后应涂防锈漆，涂刷一道 C53-31 红丹醇酸防锈漆，二道 C53-35 云铁醇酸防锈漆，二道 C04-42 各色醇酸磁漆后，再盖三油二布沥青漆。在焊接中转接件等已损坏的防锈层，应重新补涂，防锈处理必须要及时、彻底。

（4）电偶防腐

幕墙工程施工中，不同种金属间接触应采取相应的防电偶腐蚀的措施。

铝及铝合金与钢材的接触部位，应采用隔离措施，不能直接接触。接触部位可以用涂料或用橡胶类、塑料类的衬垫加以隔离。若必须导通接触（如防雷电气导通点），建议在接触部位加铝垫保护（图 2-29）。

铝与钢铁连接的固定件，宜采用不锈钢或铝合金制作，不能

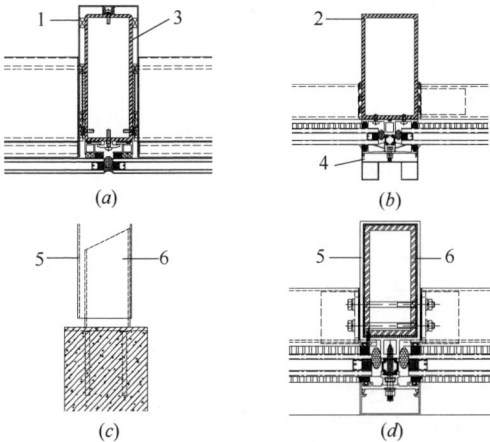

图 2-29　幕墙常见电偶腐蚀部位

（a）铝包钢龙骨构造；（b）钢龙骨与铝合金副框；

（c）铝合金立柱底部与钢套芯；（d）铝合金立柱与钢套芯

1—装饰铝型材；2—钢立柱；3—钢龙骨；4—铝合金压条；

5—铝合金立柱；6—钢插芯

采用钢制和铜制的零件。当采用钢制零件时，必须镀锌，镀锌层应有一定厚度，垫片应用耐久性较好的材料制作。

铝及铝合金不得与铜直接接触，若需要接触时，必须采用非金属衬垫加以隔离。铝及铝合金与钛或不锈钢接触时，应采用涂刷涂料隔离。

（四）幕墙防火

幕墙必须具有一定的防火性能，幕墙与其周边防火分隔构件间的缝隙与楼板或隔墙外沿间的缝隙、与实体墙面洞口边缘间的缝隙等，应进行防火封堵。防火封堵是目前建筑中应用比较广泛而又行之有效的防火、隔烟方法，其通过在幕墙与周边防火分隔构件间的缝隙、与楼板或隔墙外沿间的缝隙、与实体墙面洞口边缘间的缝隙间填塞防火封堵材料，防止火焰和高温烟气、有毒气体在建筑内部扩散。防火、防烟封堵设置部位和构造，应能有效地分离出相对独立的局部空间。

1. 基本要求

（1）幕墙的防火封堵构造系统，在正常使用条件下，应具有伸缩变形能力、密封性和耐久性；在遇火状态下，应在规定的耐火时限内，不发生开裂或脱落，保持相对稳定性。

（2）幕墙防火封堵构造系统的填充料及其保护性面层材料，应采用耐火极限符合设计要求的不燃烧材料或难燃烧材料。通常采用岩棉、矿棉、玻璃铝棉、无机复合板等不燃烧材料。

（3）玻璃幕墙与各层楼板、隔墙外沿间的缝隙，当采用岩棉或矿棉封堵时，其厚度不应小于100mm，并应填充密实；楼层间水平防烟带的岩棉或矿棉宜采用厚度不小于1.5mm的镀锌钢板承托；承托板与主体结构、幕墙结构及承托板之间的缝隙宜填充防火密封材料或采用防火密封胶密封。采用防火密封胶密封时，在防火密封胶的外表面宜采用中性密封胶进行二次密封。

（4）当建筑要求防火分区间设置通透隔断时，可采用防火玻璃，其耐火极限应符合设计要求。采用防火玻璃封堵时，玻璃厚度不宜小于 6mm，防火玻璃与其他构造间的缝隙宜采用防火密封胶和中性密封胶进行密封。

（5）同一幕墙面板单元，不宜跨越建筑物的两个防火分区。

2. 防火构造

幕墙防火封堵主要是层间防火封堵及幕墙与主体结构间缝隙封堵（图 2-30）。

（1）玻璃幕墙层间防火封堵宜在梁底、顶设置两道，防火封堵构造系统应该与主体结构连接，禁止其与玻璃幕墙的横梁或立柱进行结构性连接，防火封堵构造系统与横梁或立柱收口处，应打注防火密封胶。

（2）金属与石材幕墙、人造板幕墙层间应进行防火封堵。采用岩棉或矿棉封堵时，其厚度不应小于 100mm，防火岩棉应采用燃烧性能为 A 级的材料，承托板必须用经防腐处理厚度不小于 1.5mm 的铁板。由于耐火极限太低，承托板不得用铝板，更不允许用铝塑复合板；采用不燃无机复合板进行封堵时，封堵层的截面总厚度尺寸不应小于 50mm，不燃无机复合板与其他构造间的缝隙宜采用防火密封胶和中性耐候密封胶进行密封。

3. 防火层安装

（1）材料准备

1.5mm 厚镀锌钢板、防火岩棉板、防火密封胶及辅材。

（2）主要机具

手持电动机具、手提配电箱、壁纸刀、胶枪、射钉枪、水平尺等。

（3）作业条件

幕墙龙骨安装完成，且隐蔽工程检验合格。

（4）操作工艺

工艺流程：施工准备—基层清理—承托板安装—防火棉安装—打注防火密封胶—质量验收—隐蔽工程验收。

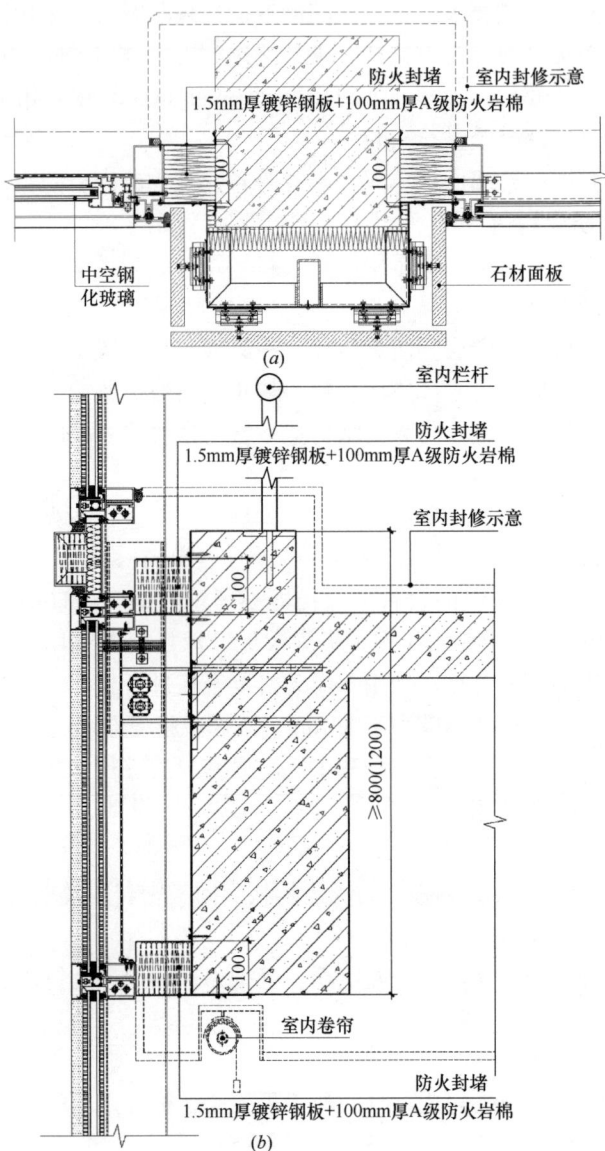

図 2-30 幕墙防火封堵构造（一）

（a）与主体缝隙封堵；（b）玻璃幕墙层间封堵

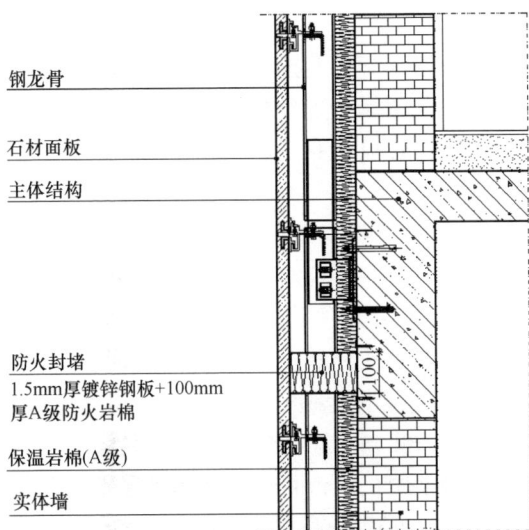

钢龙骨

石材面板

主体结构

防火封堵
1.5mm厚镀锌钢板+100mm
厚A级防火岩棉

保温岩棉(A级)

实体墙

(c)

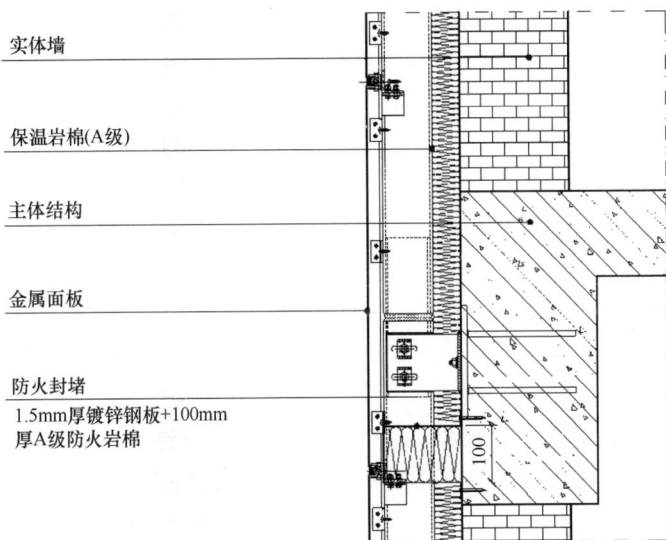

实体墙

保温岩棉(A级)

主体结构

金属面板

防火封堵
1.5mm厚镀锌钢板+100mm
厚A级防火岩棉

(d)

图 2-30　幕墙防火封堵构造（二）

（c）石材幕墙层间封堵；（d）铝板幕墙层间封堵

1）施工准备

对幕墙防火封堵系统构造按施工图进行认真审核，明确设计要求；按照设计加工图纸及现场结构偏差实际情况加工防火镀锌钢板，加工尺寸应符合设计及现场实际要求。

2）基层清理

墙体基层应坚实平整，对局部凸起、空鼓、疏松和有妨碍钉挂的污染物应剔除，保证基层表面清洁，干燥，无钢筋头等杂物。

3）承托板安装

将车间加工好的承托板对照图纸在层间按顺序就位放好，并在定位处检查其尺寸是否合适；就位后的承托板一侧与主体连接，用射钉固定，一侧固定在横梁上，用拉钉固定。承托板固定好后，要检查是否牢固，是否有孔洞需要补等现象；承托板搭接长度不小于10mm，接缝处打注防火密封胶。

4）防火棉安装

承托板上、型材与结构之间缝隙应填充防火岩棉，采用 $\phi 8$ 胀管螺钉固定，防火岩棉防潮膜朝外。岩棉接口位置对接固定或错缝搭接，应牢固、无脱落，塞严塞实不留空隙。采用双层铺设时，接缝应错开。

5）打注防火密封胶

承托板与主体结构、幕墙结构及承托板之间的缝隙应采用防火密封胶密封；防火密封胶应有法定检测机构的防火检验报告；打胶前用毛刷清理打胶部位，并用洁净的布擦拭，达到无尘土、水渍、油渍等。贴美纹纸打胶，打胶应美观、顺直平滑、无明显停顿现象。

6）清理、成品保护

打胶完成后，撕除美纹纸，待防火胶达到一定硬度后，由监理检查、验收。合格后方可进行玻璃面板安装，安装时应注意成品保护，防止破坏密封胶，确保防火隔烟效果良好。

（5）质量要求

1）防火材料应用锚钉可靠固定，防火材料应干燥，铺放应均匀、平整、连续，不得有漏铺，拼接处不留缝隙，形成一个不间断的隔层。采用双层铺设时，接缝应错开。

2）防火材料不得与幕墙玻璃直接接触。

3）施工完毕，必须检查所有的防火节点、防火隔断是否都密封严密，各层间防火隔断是否都按要求用防潮材料将矿棉等不燃烧材料包裹进行填塞，其防火隔断能否满足防火规范要求。检验一般采用观察和触摸方法，必要时可在防火节点处用火苗试验是否漏气。

4）注胶：上、下封修板与幕墙及建筑物主体的缝隙，封修板板块间缝隙均应清洁干净，打注防火密封胶。注胶应均匀、饱满、连续、密实、无气泡。

（五）幕墙保温

幕墙保温属于外墙外保温系统，即在垂直外墙外表面设置保温层，对建筑进行保温隔热。

1. 保温构造

以保温棉为保温材料，采用膨胀钉将保温棉固定在墙体上，外饰面为非透明幕墙（图2-31）。

以保温岩棉（板）为保温材料，采用粘结胶浆、膨胀钉机械固定或二者结合的方式固定在基层墙体上，有些保温岩棉（板）外还采用单层网格布与抹面胶浆作为防护层，外饰面为非透明幕墙（图2-32）。

图 2-31 幕墙保温构造
1—保温棉；2—保温钉；
3—基层墙体

膨胀钉由金属螺钉和塑料套管组成，金属螺钉可由不锈钢或经防腐处理的金属制成。塑料套管可由聚酰胺、聚乙烯或聚丙烯制成。

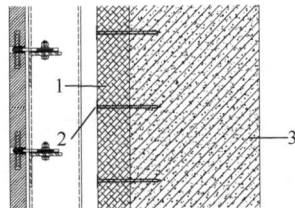

图 2-32　幕墙保温构造
1—保温棉；2—玻纤网；3—塑料胀管

2. 施工准备

（1）技术准备

通过现场勘察，对现场结构与设计图纸相比较，发现图纸与现场不符合的或存在可能影响施工的问题及时与业主监理进行汇报与沟通，然后根据需要在设计、业主、监理方等协商下解决；进行现场技术交底与技术培训工作；熟悉现场情况，详细掌握周围环境、确认墙轴线点、楼层标高、墙面垂直线等，做好三线定位准备。

（2）物资和人员准备

根据进场时间要求和施工现场施工需要，组织材料进场和施工人员进场；按约定的材料品牌、型号进行订购，按工程进度分批进场，并向甲方、监理方提供材料的合格证、质保书及其检验资料；材料进场后就分类挂牌存放，保温板采用塑料薄膜袋包装，防潮防雨，包装袋不得破损，应在干燥通风的库房里贮存，并按品种、规格分别堆放，避免重压；网布、锚固件也应防雨防潮存放；干混砂浆注意防雨防潮和保质期。

（3）施工设备及工具准备

脚手架、砂浆搅拌机、手提式电动搅拌器、专用切割工具、角磨机、常用抹灰工具及抹灰的专用检测工具、冲击钻、电锤、手锤、经纬仪及放线工具、自动安平标注仪、塑料软管、螺丝刀、美工刀、拉线、弹线墨盒、靠尺、钢尺等。对所用机具进行检测，确保其性能良好。

3. 施工流程与条件

（1）流程

基层处理—弹线分隔—裁切、下料—预拼接、粘贴安装—钻孔、塑料膨胀螺栓固定—检查验收。

（2）条件

1）施工环境、基底及使用材料的温度不应低于5℃。

2）不应在大风或烈日曝晒下施工，以避免材料在施工过程中失水过快而出现毛细裂缝。

3）注意天气变化，在材料尚未硬化时避免雨水冲刷。

4. 通用施工方法

（1）基层处理

1）施工前，根据保温系统对基层面的要求，检查与验收墙体找平层基面强度、外观状态、尺寸偏差等；将基层管道口、预留洞等封堵严密，并将易于产生热桥的预埋板的梁内侧抹15mm厚硅酸盐水泥砂浆隔断热桥；凸出物清理完毕，外漏钢筋头割除。

2）基层墙体应坚实、平整，无油污，脱模剂和杂物等妨碍粘结的附着物、空鼓、酥松部位应剔除；基层墙体外侧应采用符合相关标准的砂浆做找平层，混凝土墙以及灰砂砖、硅酸盐砌体做水平砂浆找平层前，应对基层墙面涂刷混凝土界面剂，施工后应有养护，等待干燥。基层墙体处理完毕，应保持清洁干燥。

（2）弹线分隔

1）应根据建筑立面设计和外保温技术要求，在墙面弹出外门窗水平、垂直控制线以及伸缩缝线、分割缝线等；应在建筑外墙阳角、阴角及其他必要的控制线，每个楼层适当位置弹水平线，以控制岩棉的水平度和垂直度。

2）当需设置系统变形缝时，应在墙面相应位置弹出变形缝及宽度线，标出岩棉板粘结位置，并应视墙面洞口分布进行岩棉板排板、基层上弹线。

5. 岩棉板施工方法

岩棉板常采用粘结胶浆与膨胀钉二者结合的方式固定在基层墙体上。这是因为岩棉板结构相对松软,平行于纤维方向粘贴岩棉板时,垂直板面方向的抗拉强度往往不能达到 0.10MPa,系统需要依靠护面层中增强网和锚固件紧固在基层墙体上。

(1) 粘贴

1) 配制

① 在干净的容器中倒入粘结砂浆 25kg,边加料边搅拌。聚合物胶浆适宜采用机械搅拌,速度为 400rpm,直至稠浆状无须加水及其他添加物,1h 内用完。

② 拌制后的专用粘结剂在使用过程中不可再加水拌制使用,应注意防晒避风,以免水分蒸发过快而出现表面结皮现象,进而降低粘结强度。

③ 搅拌桶内的专用粘结剂放置时间过长,出现表面结皮及部分硬化时应当作废料处理。

2) 采用满粘法施工时,胶粘剂的涂抹面积与聚苯板面积之比不得小于 80%。

3) 胶粘剂应涂抹在岩棉上,而不是涂抹在基层上,涂胶时应按面积均布,岩棉侧边应保持清洁,不得粘有砂浆。

4) 岩棉板涂胶后要及时粘贴,粘贴时应轻揉滑动就位,不得局部用力按压,岩棉板对头缝应挤紧,胶粘剂的压实厚度宜控制在 3~5mm,贴好后应立即刮除板缝和板侧面残留的粘结剂。岩棉板的间隙不应大于 2mm,板间高差不得大于 1.0mm,板缝大于 2mm 时应用聚氨酯发泡胶现场填充。

(2) 岩棉板安装

1) 预处理

在使用粘结剂粘贴保温板的施工前,需在矿棉板上先上一道表面处理层,在岩棉板的外表面需要涂抹一层厚薄适度的胶粘剂(厚度约为 2~3mm),这层砂浆的施工必须用不锈钢的平整刮刀用力抹平,使胶浆应能嵌入岩棉板的纤维丝中。待表面处理层稍干后，可以准备布胶粘贴。

2）基层细部预处理

在外墙的细部处理部位，如伸缩缝两侧、门窗孔洞边、女儿墙等部位，岩棉板端口需预粘贴窄幅标准型网格布，在岩棉板翻包预埋部分宽度约 100mm，余下甩出待抹面施工时翻包。

3）应在建筑底部、楼面板位置水平设置一道不锈钢或热镀锌金属托架，锚栓固定，间距不大于 500mm。建筑高度不大于 60m 时，应每两层设置一道托架。

4）专用粘结剂以指触法确定是否可以使用（当指触不粘时不可使用），搅拌均匀的专用粘结剂应在每粘贴一片岩棉板前用抹刀搅拌一下再使用，以避免结皮。

5）粘结剂应涂在岩棉板背后，岩棉板粘贴采用点框法，布胶部位宜与锚固件相对应，采用抹子在保持抹子与板面成 45°角紧贴板面，板边一周涂抹大约 80mm 宽的粘胶剂，中间粘结点直径不宜小于 150mm，板的侧面不得涂抹或沾有粘结剂，相邻岩棉板应紧密对接，不得留板缝，板间高差不得大于 1.5mm。

6）涂好后，迅速将岩棉板粘贴在墙上（专用粘结剂涂抹在岩棉板表面后，若在空气中暴露时间过长，专用粘结剂表面易形成一层薄薄的结皮而影响粘结强度），然后再用 2m 靠尺进行压平操作以保证平整度和粘贴牢固。每粘完一块板，应及时清除干净板侧挤出的粘结剂，板间不留缝隙；板间若留有空隙，应用岩棉条填塞，粘结砂浆不允许存在于保温板的缝隙中。

7）在粘贴下一块岩棉板时，应从侧面推向前一块板，并保证板与板之间的接缝被挤压紧密，不得有较大缝隙，若板缝大于等于 1.5mm，应用同类同质材料处理填实。

8）应根据要求留出相应的建筑伸缩缝。

9）按标准整张岩棉板幅面自下而上，并沿水平方向横向按 1/2 板长交错铺贴，水平同缝，垂直错缝，达不到时至少保证 200mm 错缝。保证连续结合，板缝自然紧邻，相邻板面应平齐。

10）岩棉板外墙外保温系统横向每 6 米左右设一道变形缝，

缝宽不大于 20mm，缝内应嵌填聚乙烯泡沫棒和耐候防水密封胶，封缝防水。

11）从墙体拐角处开始垂直交错连接固定板材，保证拐角处顺直且垂直。阴、阳角处外岩棉板交错互锁，门窗的边角处应用同样的保温板粘贴固定（图 2-33）。

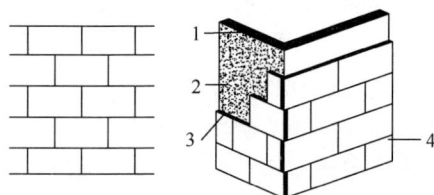

图 2-33　转角处岩棉板交错咬合

1—基层墙体；2—找平层；3—粘结剂；4—保温棉

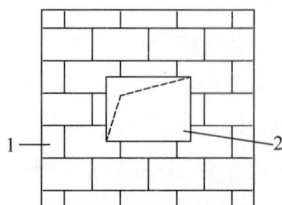

图 2-34　门窗洞口部位
整板裁出

1—保温棉；2—门窗洞口

12）在粘贴窗框四周的阳角和外墙阳角时，应先弹好基准线，作为控制阳角上下垂直的依据。门窗洞口四角部位的岩棉板应采用整块岩棉板裁成"L"形进行铺贴，不得拼接。接缝距洞口四周距离应不小于 200mm（图 2-34）。

13）保温施工前，窗框应已打发泡剂、勾缝及嵌好密封膏。岩棉板在窗口侧边的端口可采用网布预埋翻包，并砂浆抹实，下一道工序抹面增强层施工时大面网布应折边至窗框侧边，保温层与门窗框的接口处缝口用密封胶嵌实。

（3）批抹抹面砂浆

1）拌制

① 专用抹面砂浆每袋（25kg）加水量 28%，拌制工作由专人负责，严格计量。

② 拌制采用先加水后加粉的机械搅拌方法，严格按照专用

抹面砂浆的需水要求进行搅拌，达到搅拌均匀、无粉块等状态，拌好的专用抹面砂浆应静置 5min 左右再进行搅拌后方可使用。

③ 拌制后的专用抹面砂浆在使用过程中不可再加水拌制使用。

④ 拌好的专用抹面砂浆应注意防晒避风，以免水分蒸发过快而出现表面结皮现象，进而降低粘结强度。

⑤ 搅拌桶内的专用抹面砂浆放置时间过长，出现表面结皮及部分硬化时，桶内专用抹面砂浆应当作废料处理。

⑥ 拌制好的专用抹面砂浆应在 2h 内用完（具体时间与现场的环境、湿度有关）。

2）抹面层施工前应先将玻纤网布按施工面大小裁好，一般将网布长度裁成楼层高度左右的网片，考虑网格布搭接宽度。抹面层增强用网布可根据构造需要确定采用单层还是双层耐碱玻纤网布。

3）批抹首层砂浆

将制备好的抹面砂浆均匀地涂抹在岩棉板上，注意：批抹第一层专用抹面砂浆时，岩棉板应满批灰，不得漏批；确保砂浆与岩棉板粘结良好，或者采用齿形镘刀在上面来回拉涂，分配物料并保证粘结良好，防止空鼓。紧接着将裁剪好的网格布绷紧贴于底层抹面砂浆上，趁湿用抹刀将网布压入砂浆内。

4）门窗外侧洞口四周的网布以及斜方向加贴的小块网布应在批抹首层砂浆大面施工前用抹面胶局部粘贴，门、窗洞口内侧周边与大墙面形成的阳角部分处理：在此处的阳角部分 45° 各加一层 300mm×400mm 网格布进行加强，大面积网格布搭接在门窗洞口周边的网格布上。洞口四周预埋的窄幅网布应翻包，并与墙面的网布搭接。门窗洞口外侧阴角处应用与窗台同宽、长为 300mm（每边 150mm）的标准型网布一层加强（图 2-35）。

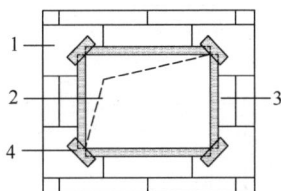

图 2-35 门窗洞口网格布加强示意

1—保温棉；2—门窗洞口；
3—翻包网布；4—斜向加强布

对于其他保温端口的岩棉板端头也应用网格布和粘结砂浆将其翻包住，翻包的网布压入砂浆中，翻包宽度不小于 100mm。

5）铺设玻纤网

① 沿水平方向绷直绷平，并将弯曲的一面朝里，自上而下一圈一圈铺设，用抹刀将网布压入砂浆内，并由中间向上下、左右方向将聚合物砂浆抹平整。网格布上下、左右搭接宽度约为 100mm，局部搭接处可用聚合物改性砂浆补充原砂浆不足处，不得使网格布皱褶、空鼓。网布不得直接铺设在岩棉板表面，也不得外露，不得干搭接。

② 对脚手架与墙体间的拉结点，在洞口四周应留出 100mm 不抹粘结砂浆，岩棉板层也应留出 100mm 不抹面层砂浆，待以后对局部进行修整。

③ 在阴阳角处网格布还需从每边双向绕角且相互搭接宽度不小于 200mm，网布的铺设应抹平、找直，并保持阴阳角的方正和垂直度。

④ 门窗外侧洞口四周的网布以及斜方向加贴的小块网布应在护面层大面施工前用抹面胶浆局部粘贴，其中洞口四周预埋翻包网布翻包长度不小于 100mm。

6）安装锚固件

① 耐碱玻璃纤维网格布铺设完毕 24h 后，待第一层抹面胶浆稍干硬至可以触碰时，即可使用冲击钻进行打孔以安装锚栓。

② 锚栓数量确定

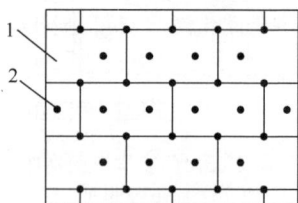

图 2-36 锚栓位置示意
1—保温棉；2—锚栓

根据定位线安装岩棉板，岩棉板要错缝拼接，锚栓平均用量每平方米不少于 10 个（图 2-36）。

③ 安装锚栓

岩棉板采用胶粘预固定后，安装首批锚栓，首批锚栓数量为设计锚栓总数量的 30%。通常情况下，每块保温板的中央位置用一个或两个锚栓固定，每处 T 形接缝设置一个锚栓；待批抹的首层砂浆稍干硬至可触碰时安装剩余锚栓。

7）批抹抹面砂浆

批抹专用抹面砂浆应满批灰，不得漏点（抹面层厚度必须大于等于 3mm）。

8）补洞及修理

对墙面由于使用脚手架等所留下的孔洞及墙面损坏处，应进行修补。当脚手架与墙体的连接拆除后，应立即对连接点的孔洞进行基底的清理处理，并用专用粘结剂粘贴板材，填补并抹平。剪一块大小能覆盖整个孔洞的耐碱玻璃网格布，与原有的耐碱玻璃网格布重叠，在岩棉板表面按抹面层操作依次批抹抹面砂浆。

（4）安装技术要求

1）采用冲击钻钻孔，安装保温板用锚固件的深入结构墙深度不小于 50mm，选用 $\phi 8 \times 120mm$ 的内膨胀锚固螺栓进行锚固；采用电锤在外墙钻孔为 8mm，孔深为 80～100mm 且应大于锚固深度 10mm（含保温层厚度，钻孔时冲击钻钻头应与墙面保持垂直，避免钻头偏斜而扩大孔径，影响锚栓锚固效果），将塑料膨胀螺栓安装并紧固，塑料圆盘直径不宜小于 100mm，塑料圆盘应紧压内层网布，使保温岩棉与外墙面紧密结合，锚栓安装完成后及时用聚合物砂浆封堵锚栓塑料圆盘及其周边。

2）在门窗洞口、阴阳角、孔洞边缘处所安装的岩棉板应沿水平、垂直方向增加固定锚栓，其间距不大于 300mm，距基层边缘不小于 60mm。

3）打好孔位后，先将岩棉板中间处用锤子将固定锚栓及膨胀钉敲入，锚栓和膨胀钉的顶部应与岩棉板表面齐平或略敲入一些，以保证膨胀钉尾部进一步膨胀与基层充分锚固，同时达到临时固定的目的，保证岩棉板无脱落（图 2-37）。

4）在岩棉外铺设玻纤网，用

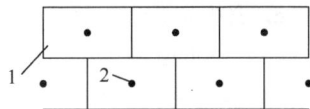

图 2-37　保温板临时固定
1—保温棉；2—锚栓

锤子将固定锚栓及膨胀钉敲入岩棉板打孔位置，锚栓和膨胀钉的顶部应压住玻纤网并与岩棉板表面齐平或略敲入一些，以保证膨胀钉尾部进一步膨胀与基层充分锚固，同时起到固定玻纤网和岩棉板的作用。

5）玻纤网的铺设要求：网的搭接量以平面搭接不小于100mm，阴、阳角搭接不小于200mm为宜，且铺贴要平整无褶皱；单张玻纤网长度不宜大于6m，铺贴遇有搭接时必须满足横向100mm、纵向80mm的要求；拐角玻纤网要保持连续性，并从两边双向绕角，当遇到门窗洞口时，在洞口四角处设45°方向加强网，尺寸400mm×200mm，在四角内侧阴角加铺与保温等宽标准网，防止开裂（图2-38）。

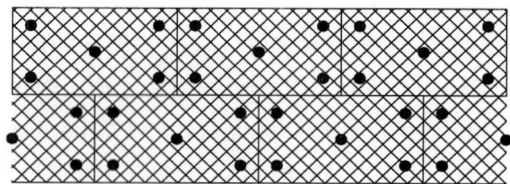

图 2-38　玻纤网及岩棉板固定

6）待锚栓安装完成后且施工质量验收合格后，即可进行抹面层施工。抹面胶浆应均匀、平整，厚度不小于3mm；抹面胶浆施工间歇应在自然断开处，以方便后续施工的搭接。在连续墙面上如需停顿，抹面胶浆应完全覆盖已铺好的耐碱玻纤网；抹面胶浆施工完成后，应检查平整、垂直及阴阳角方正，不符合要求的应使用抹面胶浆进行修补，保证抹面层完整性，无裂痕、玻纤网外露等。

6. 岩棉安装

（1）基本要求

1）保温岩棉使用前设计好铺设方式。计算尺寸裁剪下料，剪裁边缘自线误差应小于5mm，拼缝不大于2mm，板与板之间的缝隙用专用胶带粘结。要严格控制保温岩棉厚度、宽度均匀、挺直，必须保证结合一致，转角部位应咬茬搭接。

2）保温岩棉铺设自上而下相互连接，保温岩棉应按顺序铺设，当遇到门窗洞口时，按墙体部位现场确定玻棉板的长宽。

3）保温岩棉应采用由摆锤法工艺生产的憎水制品，用于外墙外保温，其干密度不应小于80kg/m³。保温岩棉双面涂界面剂。因岩棉板具有很强的憎水性，与聚合物胶浆的粘结力不强，为提高岩棉板与基层墙体的粘结力，可在施工前涂刷界面剂进行处理，岩棉板涂刷界面剂后，与基层墙体的拉拔强度可达到0.1MPa以上（垂直于岩棉纤维方向）。岩棉板系统应采用涂料饰面，岩棉板与基层墙体的连接应全部采用粘、钉结合工艺。

4）每块保温岩棉用塑料袋小包装，安装前检查塑料袋是否有破损，如有破损附加好的小塑料袋；在保温岩棉施工完的顶部用塑料布苫盖好，防止雨水渗漏于玻棉板内侧；保温岩棉转角处裸露保温岩棉的部位，使用与面层同等材质的铝箔条粘贴牢固。安装保温岩棉时，板缝应挤紧，相邻板应齐平，板间缝隙不得大于2mm，板间高差不得大于1.5mm。

（2）机械锚固

1）用于固定岩棉的锚固件圆盘直径不得小于80mm。锚固点紧固后应低于保温岩棉表面1～2mm（图2-39）。

2）锚固点的布置方式：在岩棉四角及水平缝中间均设置锚

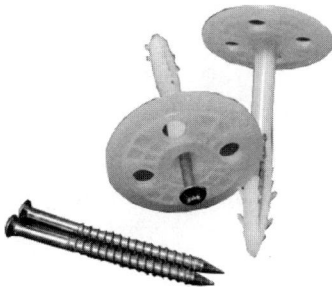

图2-39 锚固件圆盘

固点；锚栓件的安装纵向间距 300mm，横向间距 400mm，梅花形布置，基层墙体转角处加密；单个锚栓检查抗拉承载力标准值大于等于 0.3kN（图 2-40）。

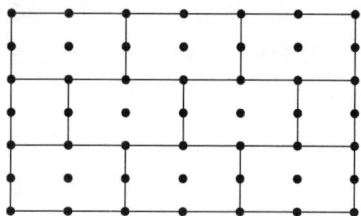

图 2-40　锚钉分布布置图

3）锚固件布置方法：每平方米墙面锚固件的设置数除有专门规定外，不应少于 4 ～8 个（随建筑高度递增），其排布应基本均匀，网布的搭接部位也宜设置锚固件，或附加锚固件。外墙阳角和门窗洞口周边应加密设置，其垂直方向锚固点中心距单向不应大于 300mm（图 2-41）。

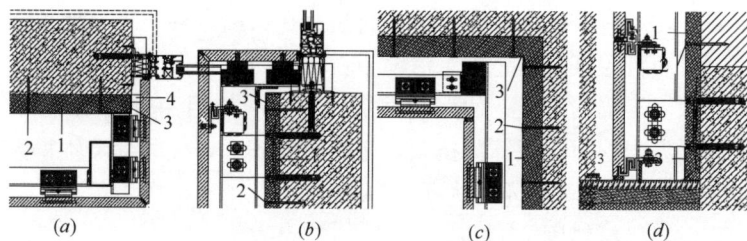

图 2-41　门窗洞口保温棉构造
（a）窗侧口；（b）窗下口；（c）阴角；（d）勒脚
1—保温棉；2—保温钉；3—铝箔包角；4—密封收口

（六）幕　墙　防　雷

幕墙是附属于主体建筑的围护结构，幕墙的金属框架一般不单独做防雷接地，而是利用主体结构的防雷体系，与建筑本身的防雷设计相结合，要求其应与主体结构的防雷体系可靠连接，并保持导电通畅。

1. 防雷等级

根据建筑物的重要性、使用性质、发生雷电事故的可能性和后果，按防雷要求分为三类（表2-12）。

建筑物防雷等级 表2-12

防雷等级	建筑物分类	网格尺寸
第一类防雷建筑	凡制造、使用或贮存炸药、火药、起爆药、火工品等大量爆炸物质的建筑物，因电火花而引起爆炸，会造成巨大破坏和人身伤亡者	<5m×5m 或 4m×6m
	具有0区或10区爆炸危险环境的建筑物	
	具有1区爆炸危险环境的建筑物，因电火花而引起爆炸，会造成巨大破坏和人身伤亡者	
第二类防雷建筑	国家级重点文物保护的建筑物	<10m×10m 或 8m×12m
	国家级的会堂、办公建筑物、大型展览和博览建筑物、大型火车站、国宾馆、国家级档案馆、大型城市的重要给水水泵房等特别重要的建筑物	
	国家级计算中心、国际通讯枢纽等对国民经济有重要意义且装有大量电子设备的建筑物	
	制造、使用或贮存爆炸物质的建筑物，且电火花不易引起爆炸或不致造成巨大破坏和人身伤亡者	
	具有1区爆炸危险环境的建筑物，且电火花不易引起爆炸或不致造成巨大破坏和人身伤亡者	
	具有2区或11区爆炸危险环境的建筑物	
	工业企业内有爆炸危险的露天钢质封闭气罐	
	预计雷击次数大于0.06次/年的部、省级办公建筑物及其他重要或人员密集的公共建筑物	
	预计雷击次数大于0.3次/年的住宅、办公楼等一般性民用建筑物	

続表

防雷等级	建筑物分类	网格尺寸
第三类防雷建筑	省级重点文物保护的建筑物及省级档案馆	＜20m×20m 或 16m×24m
	预计雷击次数大于或等于0.012次/年，且小于或等于0.3	
	预计雷击次数大于或等于0.06次/年，且小于或等于0.3次/年的住宅、办公楼等一般性民用建筑物	
	预计雷击次数大于或等于0.06次/年的一般性工业建筑物	
	根据雷击后对工业生产的影响及产生的后果，并结合当地气象、地形、地质及周围环境等因素，确定需要防雷的21区、22区、23区火灾危险环境	
	在平均雷暴日大于15天/年的地区，高度在15m及以上的烟囱、水塔等孤立的高耸建筑物；在平均雷暴日小于或等于15天/年的地区，高度在20m及以上的烟囱、水塔等孤立的高耸建筑物	

2. 防雷装置与连接

幕墙是独立悬挂在建筑主体结构之外的建筑外围护系统，当建筑幕墙围护建筑物后，建筑物原防雷装置由于建筑幕墙的屏蔽效应，不能直接起到防雷作用，闪电对建筑物的雷击，往往变成了对建筑幕墙的直接雷击，因此，建筑幕墙的防雷设施设计是非常重要的。

（1）防雷装置

建筑物的防雷装置通常由三部分组成：接闪器（避雷针、避雷网、避雷环），引下线和接地装置。在幕墙的防雷设计中，充分利用建筑物的这些装置与幕墙的自身防雷体系（横竖龙骨）连通，使其两部分成为一个防雷整体，把幕墙获得的巨大雷电能量，通过建筑物的接地系统，迅速地输送到地下，共同起到保护幕墙和建筑物免遭雷电破坏的作用。

70

1）接闪器

接闪器按形状分为避雷针、避雷网、避雷环三种形式。

① 避雷针的防雷作用不在于避雷，而在于接受雷电流。避雷针是人为设立的最突出的良导体，它的端部电场强度最大，雷电先驱自然地被吸引过来，这就是避雷针引雷效应的基本理论。

② 避雷针采用圆钢或焊接钢管制成，规格尺寸见表2-13。

避雷针材料规格　　　　表2-13

规格	材料	截面面积（mm^2）	厚度（mm）	直径（mm）
避雷针长度<1m	圆钢	≥100	—	≥12
	钢管	≥100	≥3	≥20
1m≤避雷针长度<2m	圆钢	≥100	—	≥16
	钢管	≥100	≥3	≥25
烟囱上的避雷针	圆钢	≥100	—	≥20
	钢管	≥100	≥3	≥40

③ 避雷网分为明装避雷网和笼式避雷网两大类。明装避雷网是在屋顶上用较疏的明装金属网格作为接闪器，沿外墙做引下线，接到接地装置上，将雷电流安全地引入地下。笼式避雷网是将避雷网、引下线和接地装置三部分组成一个整体较密的钢铁大网笼，将建筑物罩在其中免遭雷击的侵害。

④ 避雷网或避雷带一般用圆钢或焊接钢管制成，圆钢直径不小于8mm，扁钢截面不小于$48mm^2$，扁钢厚度不小于4mm。

2）引下线

设置防雷引下线的数量，是关系到建筑物是否产生扩大事故的重要因素。每根引下线所承受的雷电流越小，则其反击的机会和感应范围的影响就小，所以引下线的根数应尽量多些为好。

引下线一般用圆钢或扁钢制成，其截面不应小于$48mm^2$，在易遭受腐蚀的部位，其截面应适当加大。圆钢直径不小于8mm，扁钢截面不小于$48mm^2$，扁钢厚度不小于4mm。

3）接地装置

接地效果的好坏也是防雷安全的重要保证，目前的建筑物主要是利用其钢筋混凝土基础中的钢筋作为接地装置，这种方式可以大大降低接地电阻和均衡地面电位。接地装置埋设的深度以在 0.5～1m 范围为宜，最少不小于 0.5m。接地装置均使用镀锌钢材，以使其延长使用年限，各焊接点必须刷沥青油，加强防腐。

接地装置分为垂直埋设的接地体和水平接地体，所用材料见表 2-14。

接地装置材料规格 表 2-14

接地装置	材料	截面面积（mm²）	厚度、宽度（mm）	直径（mm）
垂直接地体	圆钢	—	—	≥19
	钢管	—	≥3.5	≥35
	角钢	—	厚度≥4，宽度≥40	—
水平接地体	扁钢	≥100	厚度≥4	—
	圆钢	—	—	≥12
	方钢	—	≥10×10×3.5	—

为了保证防雷装置对人和牲畜的安全，应将引下线和接地装置尽可能安装在人们不易接触到的地方。接地装置最好做成环形周圈式的或深埋在 1m 以下，以改善接地装置附近地面的电位分布；以减少跨步电压的危险。此外，为了防止接触电压危及人畜，在可能条件下将引下线缠上绝缘或隔离起来。

（2）幕墙防雷装置的连接

幕墙的防雷装置和建筑物防雷网的接通办法一般有三种形式，一是在钢筋混凝土墙上通过柱或梁内的主钢筋设置预埋件连接板和引出连接板作为测试、连接之用；二是利用幕墙上的预埋件和建筑物防雷网接通作为连接通道；三是在柱、梁、墙浇筑混凝土之前，焊好预留出来的接线，作为连通之用。

当建筑物过长，建筑物上出现伸缩缝和沉降缝时，两部分应构成统一的防雷系统，在伸缩缝和沉降缝之间必须进行防雷系统的跨越处理。处理方法是用软导管线连接断开的防雷装置，或用不少于 4mm 厚的镀锌扁钢弯曲成 U 形后连接，以易于伸缩。U 形的半径应大于伸缩的 2～3 倍。

3. 幕墙防雷构造

幕墙是独立悬挂于建筑物之外的外围护结构系统，幕墙除本身应形成自身的防雷体系外，它的防雷装置还应和建筑主体的防雷体系有机结合在一起，共同形成一防雷体系。

建筑幕墙的防雷措施，主要有两种，一种是防顶雷，另一种是防侧雷。在玻璃幕墙安装过程中，充分利用建筑物的原有防雷装置，将幕墙竖向立柱、横向梁和建筑物防雷网接通，连成一个防雷整体，把玻璃幕墙遭受的巨大雷电能量通过建筑物的接地装置迅速释放，保护玻璃幕墙和建筑物免遭雷电破坏。

（1）幕墙接闪器

幕墙接闪器一般布置在建筑幕墙工程女儿墙顶部，采用石材压顶的，在女儿墙上设置防雷网，防雷网用截面面积大于 100 mm^2 的热镀锌圆钢或 4mm 厚扁钢作为均压环，均压环必须与主体结构或幕墙防雷体系引下线连接，避免遭受雷击（图 2-42）。

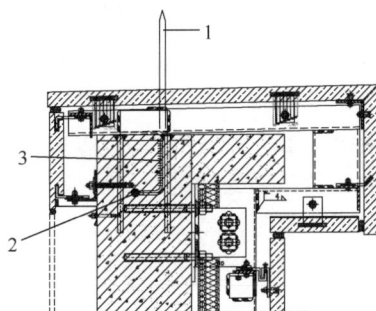

图 2-42　女儿墙石材压顶防雷构造
1—接闪器；2—土建避雷主筋；
3—避雷引出线

幕墙顶部女儿墙如采用铝板，由于铝板是良好的导电体，是雷击率较高的部位。作为防直击措施，可将铝压板与女儿墙避雷带、引下线相连作为直接接受雷击的装置，起到引雷作用的接闪器。其作用是接受雷电流，并把雷电流与建筑物防雷装置导通送入大地达到避雷作用（图 2-43）。

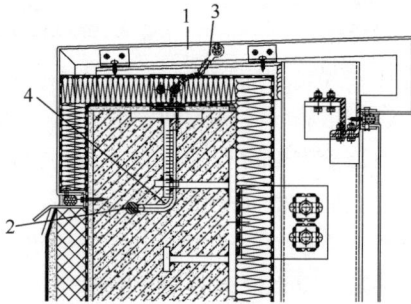

图 2-43　女儿墙铝板压顶防雷构造
1—铝板兼作接闪器；2—土建避雷主筋；
3—避雷导线；4—避雷引出线

　　建筑幕墙顶部的接闪器，通常只能防顶层直击雷，对于防侧向直击雷，主要是在建筑幕墙的层间部位，每隔三层设置一圈闭合的均压环，均压环可用直径 12mm 镀锌钢筋（或采用 40mm×4mm 镀锌钢板）焊接而成，然后通过引下线引到接地装置。均压环的设置，对于第二类防雷的建筑物，均压环环间垂直距离不应大于 10m，引下线的水平距离不大于 10m。

　　普通的金属屋面的防雷处理是在屋面板上设置网格状避雷带作为接闪器，这种做法会影响屋面的美观性，同时由于固定避雷带需要在屋面板上打螺钉，增加了漏水隐患。对于航站楼、体育场等大型公共建筑大多采用铝镁锰直立锁边金属屋面，不单独做接闪器，而是利用金属屋面作为接闪器，通过固定网格交叉点设置引下线，将电流引至底板，由底板传至结构主檩条，形成避雷体系，并与主体结构防雷体系可靠连接。

　　当利用建筑物本身屋面作为接闪器时应符合下列要求：金属板之间采用搭接时，其搭接长度不应小于 100mm；金属板下面无易燃物品时，其厚度不应小于 0.5mm；金属板下面有易燃物品时，其厚度，钢板不应小于 4mm，铜板不应小于 5mm，铝板不应小于 7mm（图 2-44）。

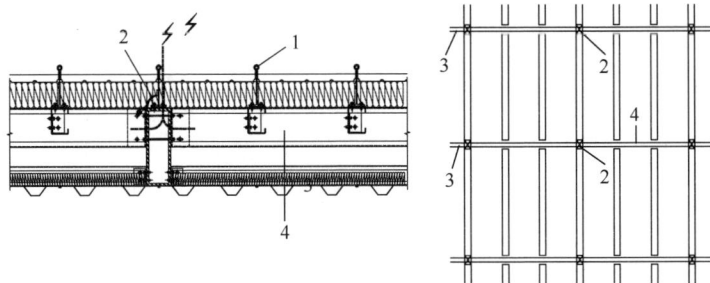

图 2-44　金属屋面防雷装置及构造

1—屋面板兼接闪器；2—避雷导线；3—均压环；4—屋面檩条

（2）幕墙引下线

引下线是连接接闪器与接地装置的金属导体，建筑幕墙常用防雷装置的引下线是利用建筑幕墙竖向龙骨作为引下线，竖向龙骨在插芯位置采用电导铜线（或采用 40mm×4mm 铝合金片）制成可伸缩的避雷连通导线并上下相连接，连接处上下各用 M8 不锈钢螺栓进行压接，并加不锈钢平垫和弹簧垫。设置均压环的楼层所有竖向主龙骨与横向龙骨的连接处，通过 L40×4 铝角码两端各用两个 M8 不锈钢对穿螺栓进行压接，并加不锈钢平垫和弹簧垫（图 2-45）。

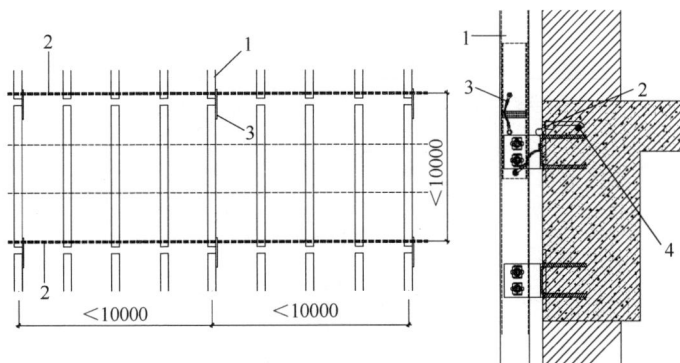

图 2-45　幕墙引下线布置图

1—幕墙立柱；2—均压环；3—避雷导线；4—土建避雷主筋

按不大于 12m 结构层高度或每隔三层在建筑物四周结构楼板、梁表面用热镀锌钢筋搭接焊通（或敷设一根 40mm×4mm 镀锌扁钢）圈成闭合环，并与建筑物结构柱的钢筋引下线焊接连通，二者间搭接圆钢直径不小于 12mm，双面施焊焊接长度为圆钢直径的 6 倍，单面焊接为圆钢直径的 12 倍，从而形成一均压环。为使幕墙竖向龙骨保持接地的贯通，用 40mm×4mm 镀锌扁钢一端与均压环焊接引出，焊接长度应为其宽度的 2 倍，并三面施焊，扁钢另一端用两个 M8 不锈钢对穿螺栓与竖向主龙骨进行压接，为防止镀锌扁钢与其他金属龙骨的电化学腐蚀，在其间加垫 1mm 厚不锈钢垫片，并加不锈钢平垫和弹簧垫。

（3）幕墙接地装置

通常情况下，建筑幕墙可以不用单独设计防雷接地装置，可与土建防雷接地装置连接共用。这种情况下，建筑幕墙避雷体系必须上下连通，依靠主体避雷体系进行防雷布置。布置时，建筑幕墙自身防雷系统要与土建防雷系统中的土建避雷主筋可靠连接，所有的引下线均应连到均压环上，均压环可用直径 12mm 的镀锌钢筋（或采用 40mm×4mm 镀锌钢板）焊接而成。幕墙的主梁通过预埋件及避雷均压环和避雷引出线与土建主体避雷主筋相连、焊接牢固，焊缝搭接长度不小于 100mm（图 2-46）。

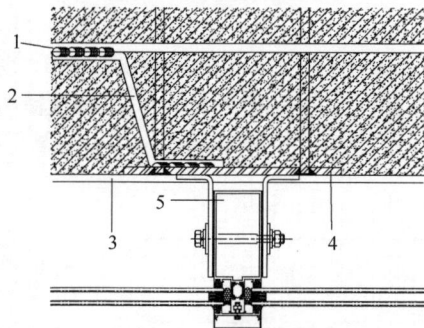

图 2-46 幕墙防雷系统构造

1—土建避雷主筋；2—避雷引出线；
3—均压环；4—预埋件；5—幕墙立柱

接地装置是接地体和接地线的总和，建筑幕墙若单独设立接地装置，埋于土壤中的人工垂直接地体宜采用角钢、钢管或圆钢，埋于土壤中的人工水平接地体宜采用扁钢或圆钢。圆钢直径不应小于 10mm，扁钢截面不应小于 100mm²，其厚度不应小于 4mm；角钢厚度不应小于 4mm；钢管壁厚不应小于 3.5mm。在腐蚀性较强的土壤中，应采取热镀锌等防腐措施或加大截面。

建筑幕墙所有龙骨安装完毕后，必须用电阻表进行检测，检测所有引下线接地电阻值应符合设计要求。通常情况下，对于第二类或第三类防雷的建筑物所有引下线接地电阻值不超过 10Ω；对于第一类防雷的建筑物所有引下线接地电阻值不超过 5Ω。

4. 施工方法

（1）使用材料及机具

材料：防雷连接线（圆钢或扁钢）、跨接线（铜导线、铝合金导线等）、电焊条、自攻自钻螺钉、对穿螺栓等。

机具：电焊机、卷尺、电钻、自攻钻。

（2）工艺流程

熟悉了解图纸要求—在施工现场找准接入预埋区域—埋件与主体避雷装置连接—顶层与屋面均压环连接—幕墙均压环连接—竖向龙骨跨接。

（3）作业时间

第一阶段：埋件施工时将接入区域的埋件通过圆钢串联并与主体引下线连接。

第二阶段：幕墙自身防雷体系接通阶段。

（4）施工操作

1）竖向龙骨沿水平方向每隔 10m 设置一根上下导通的引下线，横向均压环从一层开始设置，然后向上每三层且不超过 10m 进行设置，形成网格。

2）均压环与土建防雷体系连接：在混凝土梁外侧或顶面敷

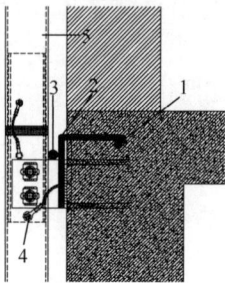

图 2-47 均压环与土建防雷
体系连接

1—土建避雷主筋；2—避雷引
出线；3—均压环；4—避雷导
线；5—幕墙立柱

设一根镀锌圆钢或扁钢，并与主体结构四周防雷引出线焊接，焊接长度不小于100mm。镀锌圆钢搭接时，必须双面施焊，焊缝应饱满，焊接处刷两道防锈漆（图2-47）。

3）竖龙骨插芯连接：均压环与预埋件焊接，并与主体结构四周防雷引出线焊接，焊接长度均不小于100mm。钢转接件焊接在预埋件上，幕墙竖向龙骨通过两根对穿螺栓与转接件进行连接，在插芯位置采用 Ω 形导线作为跨接件，用不锈钢自攻丝进行压接，从而达到幕墙引下线贯通（图2-48）。

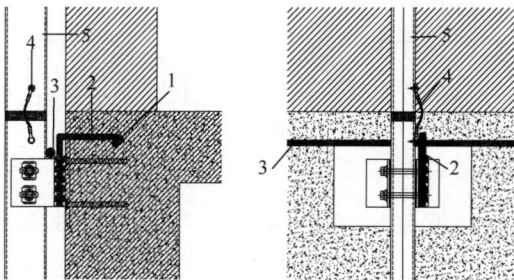

图 2-48 竖龙骨插芯连接
1—土建避雷主筋；2—避雷引出线；3—均压环；
4—避雷导线；5—幕墙立柱

龙骨插芯处跨接一般使用 16mm×200mm 铜编织线，连接间距110mm，允许偏差±15mm，使用两个 M5.5×19 自攻自钻螺钉固定，固定片龙骨表面除去表面喷涂层，使垫圈压紧铜编织线与龙骨，使之有效接触（图2-49）。

（5）施工注意事项

1）幕墙的金属框架应与主体结构的防雷体系可靠连接，连接部位应清除非导电保护层。

2）幕墙与主体建筑防雷体系连接的立柱以及位于阴角、阳台处的立柱，其伸缩缝处应用金属连接片上、下导通。

3）当铝立柱与钢件之间用绝缘材料隔离时，两者之间应用金属连接片导通。

4）单元板块幕墙中所有板块之间的接缝都应用金属连接片连通。

5. 施工要求

（1）幕墙周边的封口铝板相互搭接长度应不小于 50mm，且用铆钉固定在立柱上，铆钉间距应不大于 200mm。

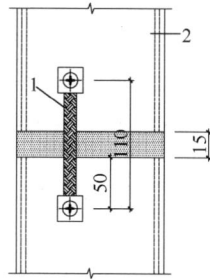

图 2-49 龙骨插芯处跨接构造
1—避雷导线；
2—幕墙立柱

（2）当幕墙设有预埋件时，预埋件应与主体结构避雷均压环可靠连接。预埋件与主体结构同步施工，要求预埋件与主体结构均压环和引下线相连，均压环主筋与预埋件锚筋之间用直径 12mm 的圆钢筋双面焊长度达 100mm。

（3）当幕墙未设预埋件而采用后置埋件时，每三层应沿后置埋件铺设均压环，均压环为直径 15mm 的热镀锌钢筋或圆钢。所有后置埋件应与均压环焊牢。

（4）在不大于 10m 的范围内，幕墙的铝合金立柱宜有一根采用导线上下连通，铜质导线截面积不宜小于 25mm^2，铝制导线截面积不宜小于 30mm^2。

（5）在主体建筑有水平均压环的楼层，对应导电通路的幕墙立柱的预埋件或后置埋件采用圆钢或扁钢与水平均压环焊接连通，形成防雷通路，焊接和连线应涂防锈漆。扁钢截面不宜小于 5mm×40mm，圆钢截面直径不宜小于 12mm，接地电阻均应小于 4Ω。

（6）伸缩缝和沉降缝防雷：建筑物防雷必须形成统一体系，要求在伸缩缝和沉降缝之间做跨越处理。处理方法最好是用软导管线连接断开的防雷设置，或用镀锌扁体弯成 U 形连接。

（7）兼有防雷功能的幕墙压顶板宜采用厚度不小于 3mm 的铝合金板制造，压顶板截面积不宜小于 70mm² （幕墙高度不小于 150m 时）或 50mm² （幕墙高度不小于 150m 时）。幕墙压顶板体系与主体结构屋顶的防雷系统应有效导通，并保证接地电阻满足要求。

（8）幕墙避雷系统的焊接部位应做可靠的防腐处理。

6. 电阻测试

（1）避雷体系安装完后应及时提交验收，并将检验结果及时做记录。

（2）要求整体冲击接地电阻不大于 5Ω （一、二类）、10Ω （三类）。在各均压层上连接导线部位需进行必要的电阻检测，接地电阻应小于 10Ω，对幕墙的防雷体系与主体的防雷体系之间的连接情况也要进行电阻检测，接地电阻值小于 5Ω。

（3）检测合格后还需要质检人员进行抽检，抽检数量为 10 处，其中一处必须是对幕墙的防雷体系与主体防雷体系之间连接的电阻检测值。如有特殊要求，需按要求处理。

（4）所有避雷材料均应热镀锌，材质、规格经过现场检验并符合设计和规范规定。

三、构件式玻璃幕墙安装

构件式建筑幕墙，是指在现场依次安装立柱、横梁和面板的框支承建筑幕墙。包括构件式玻璃幕墙、构件式石材幕墙、构件式金属幕墙、构件式人造板幕墙等，本章主要介绍构件式玻璃幕墙的施工安装方法。

（一）一 般 规 定

1. 安装要求

（1）幕墙工程中使用的材料必须具备相应的出场合格证、质保书和检验报告。进场安装的幕墙主框构件及零附件的材料、品种、规格、色泽、加工尺寸公差和性能应符合规范和设计要求。构件安装前均应进行检验和校正，不合格的构件不得安装使用。

（2）幕墙安装前，应按规定进行幕墙的风压变形性能、气密性能、水密性能和平面内变形性能的检测试验及其他设计要求的性能检测试验，并提供符合设计要求的检测报告。

（3）预埋件位置偏差过大或未设置预埋件时，应制定后置埋件施工方案或其他可靠连接方案，经业主、监理、建筑设计单位会签后方可实施。

（4）由于主体结构偏差超过规定而妨碍幕墙施工安装时，应会同业主、监理和土建承包方采取相应措施，并在幕墙安装前实施。

（5）幕墙的连接部位应采取措施防止产生摩擦噪声。构件式幕墙的立柱与横梁连接处应避免刚性接触，可设置柔性垫片或预留 1～2mm 的空隙，间隙内填胶。

（6）玻璃安装前应进行检查，并将表面尘土和污染物擦拭干净。除设计另有要求外，应将镀膜面朝向室外。

（7）应按规定型号选用玻璃四周的橡胶条，其长度宜比边框内槽口长 1.5%～2%。橡胶条斜面断开处，应拼成预定的设计角度，并应采用粘结剂粘结牢固。镶嵌应平整。

（8）幕墙安装完毕后应首先自检，自检合格后报验。

（9）幕墙使用的耐候胶与工程所用的铝型材和镀膜玻璃的镀膜层必须相容。耐候胶应在保质期内使用，并有合格证明、出厂年限批号。进口耐候胶应有商检合格证。

（10）幕墙的金属支承构件与连接件如果是不同金属，其接触面应采用柔性隔离垫片。

（11）幕墙安装过程中，构件存放、搬运、吊装时不应碰撞和损坏；半成品应及时保护；对型材保护膜应采取保护措施。构件存储时应按照幕墙安装顺序排列防置，存储架应有足够的承载力和刚度。

2. 隐蔽工程验收项目及部位

（1）预埋件或后置埋件。

（2）幕墙构件与主体结构的连接、构件连接节点。

（3）幕墙四周的封堵、幕墙与主体结构间的封堵。

（4）幕墙变形缝及转角构造节点。

（5）隐框玻璃幕墙的玻璃板块拖条及板块固定连接。

（6）明框玻璃幕墙断桥处玻璃托块的设置。

（7）幕墙防雷连接构造节点。

（8）幕墙的防水、保温隔热构造。

（9）幕墙防火构造节点。

（二）施工设备、机具与检测仪器

1. 施工设备和机具

吊篮或脚手架、电焊机、手电钻、冲击电钻、螺丝刀、胶枪、小型切割机、割胶刀、电动自攻螺钉钻、射钉枪、手动玻璃吸盘、铝型材切割机、活动扳手、吊车、卷扬机、电动玻璃吸盘、手动葫芦和其他机具。

2. 检测仪器

经纬仪、水准仪、激光垂准仪、2m 靠尺、卡尺、深度尺、钢卷尺、塞尺、邵氏硬度计、韦氏硬度计、金属测厚仪、玻璃测厚仪等。

（三）施 工 准 备

1. 技术准备

（1）熟悉施工图纸及设计说明，校核各洞口的位置、尺寸及标高是否符合设计要求，发现问题及时向设计提出，并洽商、办理变更，在施工前把问题解决。

（2）根据设计要求，结合现场实际尺寸进行材料翻样，并委托加工订货。

（3）进行各种材料的进场验收，收集产品合格证、检测报告等质量证明文件，并向监理报验。

（4）对施工中用到的各种胶进行相容性试验、粘结强度试验和环保检测工作。

（5）做框架式幕墙安装样板，经设计、监理、建设单位检验合格并确认。

（6）编制施工组织方案，对操作人员进行技术、环境、安全交底。

（7）依据住房和城乡建设部办公厅《关于实施〈危险性较大的分部分项工程安全管理规定〉有关问题的通知》（建办质〔2018〕31 号），如存在施工高度 50m 及以上的建筑幕墙工程、采用非标吊篮搭设、搭设高度 50m 及以上落地式钢管脚手架工程等，必须在编制的幕墙工程施工组织设计基础上，针对危险性较大分部分项工程单独编制安全技术措施文件，通过专家论证后方能开展施工安装。

2. 材料准备

施工人员应根据施工图纸和相关质量标准要求对到场的材料进行检查，主要检查玻璃、钢材、铝合金（隔热）型材、紧固件、密封材料、胶类材料及防火、保温材料等。

3. 机具准备

机具的使用应从安全、操作规程等方面进行控制：施工前，施工人员应接受管理人员对机具进行的安全检查及机具、临时用电的安全、技术验收和交底，并接受监督管理；施工人员在施工前应对机具、临时用电配备情况、工作状况等进行例行检查；如工具、临时用电检查中发现异常情况，严禁使用；施工机具使用完毕后，及时清理干净。

4. 现场准备

（1）主体结构及二次结构施工完毕，并经验收合格。

（2）幕墙位置和标高基准控制点、线已测设完毕，并预验合格。

（3）幕墙安装所用的预埋件、预留孔洞的施工已完成，位置正确，空洞内杂物已清理干净，并经验收符合要求。

（4）施工用脚手架、吊篮已搭设或架设完毕，临时用水、电已供应到施工作业面，并经验收合格。

（5）施工现场清理完成，作业区域内无影响幕墙安装的障碍物。

（6）现场加工平台、各种加工机械设备安装、调试完毕。

（7）现场材料存放库已准备好，若为露天存放，应有防风、防雨措施。

（四）施工安装工艺

1. 工艺流程

测量放线—预埋件检查—立柱准备—立柱安装—横梁安装—

主要附件安装—层间保温防火材料安装—面板安装—密封注胶—收边收口—清洗幕墙—竣工验收。

2. 施工工艺

（1）测量放线

1）根据幕墙分格大样图和主体结构施工标高、轴线的基准控制点、线，重新测设幕墙施工的各条基准控制线。放线时应按照设计要求的定位和分格尺寸，先在首层的地、墙面上测设定位控制点、线，然后用经纬仪或激光铅垂仪在幕墙四周拐角、幕墙立面中心向上引垂直控制线和立面中心控制线，各拐角用钢丝绳吊重锤作为施工线；用水准仪和标准钢尺测设各层水平标高控制线，水平标高应从各层建筑标高控制线引入，测量时应注意分配误差，不能使误差累积，最后按照设计大样图和测设的垂直、中心、标高控制线，弹出横、竖构架、分格及转角的安装位置线。

2）幕墙定位轴线的测量放线必须与主体结构的主轴线平行或垂直，以免幕墙施工和室内外装饰施工发生矛盾，造成阴阳角不方正和装饰面不平等缺陷。

3）按照复测放线后的轴线和标高基准，严格按构件式幕墙分格大样图用垂准仪和水平仪进行洞口和分格线的测量放线。因为立柱的安装对幕墙的垂直度和平面度起关键作用，所以测量放线的准确性决定幕墙的质量。在测量竖向垂直度时，每隔 4 或 5 条轴线选取一条竖向控制轴线，各层均由初始控制线向上投测，形成每根立柱的分格垂直线。

4）根据标高水平基准线和立柱分格垂直线设置标高水平基准钢线和立柱垂直基准钢线。如果不用钢线而用经纬仪直接安装立柱，需用两台经纬仪同时控制一根立柱的平面度和垂直度，安装工作面窄；设置钢线后，可以同时进行多根立柱的安装，工作面宽。

5）检查测量误差。如误差超过图纸规定，应及时向设计反映，经设计变更后方可施工。

6）幕墙分格轴线的测量应与主体结构相配合，对实际放线与设计图纸之间的误差应及时调整、分配和消化，不得累积。尺寸误差较小，通常适当调节缝隙的宽度和边框的定位；尺寸误差较大，应及时反映，采取适当加大边部玻璃分格尺寸等方法来解决。

7）应定期对幕墙的安装定位基准进行校核。

8）对高层建筑的测量应在风力不大于 4 级时进行。

（2）预埋件检查

1）检查预埋件：根据复测放线和变更设计后的构件式幕墙施工设计图纸逐个找出预埋件，清除预埋件表面的覆盖物和预埋件内的填充物，并检查预埋件与主体结构结合是否牢固、位置是否准确。

2）如预埋件偏差过大，应对预埋件进行纠偏处理。当预埋件偏差在 45～150mm 时，允许加接与预埋板等厚度、同材质的钢板，一端与预埋件焊接，焊缝高度按设计要求，焊缝为连续角边焊，另一端采用胀锚螺栓或化学锚栓固定，锚栓数量按设计要求；当预埋件偏差超过 300mm、漏埋或由于其他原因无法现场处理时，应提出后置埋件施工技术方案，经业主、监理等有关方会签后，方可按方案施工。胀锚螺栓或化学锚栓施工后需经国家指定的检测单位做拉拔试验，测试结果应符合设计要求。

（3）立柱准备

1）立柱一般采用铝合金型材或型钢制作，其材质、规格、型号应符合设计要求。当采用型钢立柱外包铝合金装饰型材（俗称"铝包钢"），二者间应留有一定空隙并加设绝缘垫片，避免发生电化学腐蚀。

2）立柱与主体结构之间的连接一般采用转接件（角码）与预埋件焊接或膨胀螺栓锚固的方式与主体固定，固定牢靠且能承受较高的抗拔力。固定立柱时一般采用两个转接件，一端与主体结构上预埋件焊接时，必须保证焊接质量，焊缝的长度、高度及焊条型号均需符合设计及相关规范要求；一端与立柱间的固定，宜采用不锈钢螺栓。当立柱为铝合金材质时，则应在转接件与立柱间加设绝缘垫片，以避免发生电化学腐蚀（图 3-1）。

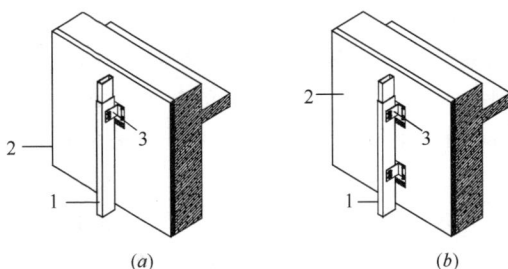

图 3-1　立柱与结构间连接

（a）单支座；（b）双支座

1—立柱；2—主体结构；3—连接件

3）检查立柱的安装孔位是否符合构件式幕墙施工设计的节点大样图。除图纸确定的现场配钻孔外，如孔位不对，应退回加工车间重新加工。

4）以立柱第一排横梁孔中心线为基准线，在立柱外平面上划出标高水平基准线；将立柱截面分中，在立柱外平面上划出垂直中心线。

5）将转接件（角码）和立柱芯套安装在立柱上。检查转接件是否成 90°，如果误差过大，应立即更换。如果立柱外伸长度较大，允许在立柱两侧用沉头螺钉将套芯固定，但每侧沉头螺钉数量不得少于 3 个，伸缩缝不能设在暴露位置（图 3-2）。

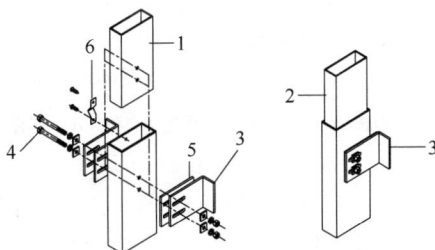

图 3-2　立柱与芯套、连接件

1—立柱；2—插芯；3—连接件；4—螺栓；

5—尼龙垫片；6—避雷导线

（4）立柱安装

1）构件式幕墙立柱安装误差不得累积，安装初步定位后应自检并进行调整。立柱安装轴线偏差不应大于 2mm；相邻两根立柱安装标高偏差不应大于 2mm。立柱安装就位、调整后应及时紧固。

2）上、下立柱之间应有不小于 15mm 的缝隙，闭口型材可采用长度不小于 250mm 的芯柱连接，芯柱与立柱应紧密接触。芯柱与下立柱或上立柱之间应采用机械连接（螺栓）方法加以固定。开口型材上立柱与下立柱之间可采用等强型材机械连接（图 3-3）。

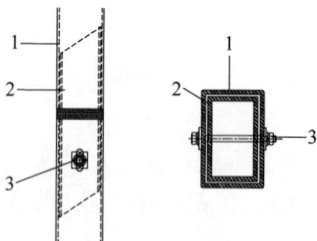

图 3-3 立柱与芯柱连接构造
1—幕墙立柱；2—插芯；3—螺栓

3）多层或高层建筑中跨层通长布置立柱时，立柱与主体结构连接支承点每层不少于一个；在混凝土实体墙面上，连接支承点可加密。每层设两个支承点时，上支承点宜采用圆孔，下支承点宜采用长圆孔。

4）安装第一层立柱

① 第一层基准立柱安装：基准立柱是指洞口或轴线基准线两侧的第一根立柱。立柱安装应自下而上进行，第一层基准立柱的下方为地面或楼板。将第一层基准立柱安放在地面或楼板面上，上部以立柱外平面上划出的标高水平基准线和立柱中心线对位，下部用垫块调整，当立柱外平面上的标高水平基准线和立柱中心线与放线后的立柱垂直分格钢线和水平标高钢线重合时，立即将立柱的转接件（角码）点焊到埋板上，如有误差，可用转接件（角码）在三维方向上调整立柱位置，直至重合（图 3-4）。

幕墙立柱与地面结构及顶面结构宜留有 15～20mm 自由伸缩空间，考虑立柱在温差较大情况下有伸长与收缩现象（图3-5）。

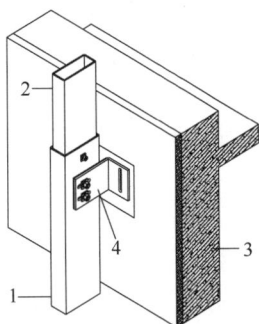

图 3-4　基准立柱示意

1—立柱；2—插芯；

3—主体结构；4—转接件

图 3-5　立柱与地面构造示意

② 第一层中间立柱的安装：由于一个洞口的竖向分格较多，为了减少累积误差，应采用分中定位安装工艺：如果分格为偶数，应先安装中间一根立柱，然后向两侧延伸；如果分格为奇数，应先安装中间一个分格的两个立柱，然后向两侧延伸。安装工艺与第一层基准立柱相同（图3-6）。

③ 第一层中间立柱的调整：在一层立柱安装完毕后，应测

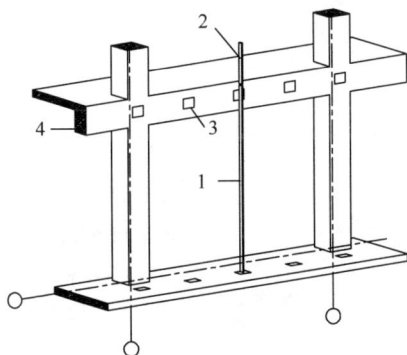

图 3-6　第一层立柱安装顺序示意

1—底层中间立柱；2—上一层中间立柱；

3—预埋件；4—主体结构

量洞口尺寸和对角线是否符合质量标准，并统一调整立柱的相对位置。立柱安装标高偏差不应大于 2mm，轴线前后偏差不应大于 2mm，轴线左右偏差不应大于 1.5mm。

④ 立柱安装就位、调整后应及时紧固，并拆除用于立柱安装就位的临时设置。

5）安装各层立柱

① 基准立柱的安装：将各层基准立柱插入下一层基准立柱的芯套上，在伸缩缝处加一块宽 15mm 的垫片，复测下立柱的上横梁孔中心与上立柱的下横梁孔中心之间的距离是否符合分格尺寸，保证立柱上下间伸缩间隙符合设计要求，并不小于 15mm，偏差不大于 2mm。当立柱上部外平面上的标高水平基准线和立柱中心线与放线后的立柱垂直分格钢线和水平标高钢线重合时，立即将立柱的转接件（角码）点焊到埋板上。

② 中间立柱的安装：将各层中间立柱按分中定位工艺插入下一层中间立柱的芯套上，在伸缩缝处加一块宽 15mm 的垫片，保证立柱上下间伸缩间隙符合设计要求，并不小于 15mm，偏差不大于 2mm。其他安装工艺与第一层中间立柱相同。

③ 立柱的调整：在每一层立柱安装完毕后，应测量洞口尺寸和对角线是否符合质量标准，并统一调整立柱的相对位置。

④ 立柱安装就位、调整后应及时紧固，并拆除用于立柱安装就位的临时设置，然后密封立柱伸缩缝。

（5）横梁安装

1）横梁与立柱的连接构造：幕墙横梁与立柱的连接一般通过焊接、连接件、螺栓或螺钉进行连接，连接部位应采取措施防止产生摩擦噪声（图 3-7）。

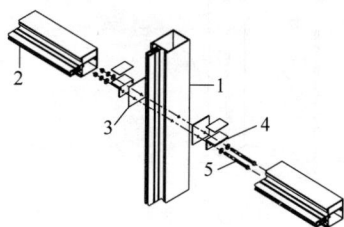

图 3-7　横梁与立柱装配示意

1—铝合金立柱；2—铝合金横梁；
3—防噪声垫片；4—连接角码；
5—连接螺栓

2) 横梁固定方法

① 幕墙立柱和横梁采用钢型材时，可采用两端焊接或一端焊接、一端柔性连接，柔性连接一般采用钢套芯与立柱焊接。焊接时，因幕墙面积较大、焊点多，要合理安排焊接顺序，防止幕墙骨架热变形；固定横梁也可采用螺栓连接，将横梁两侧角码连接件采用螺栓与立柱连接紧固，钢横梁插入角码连接件上，并保证横梁与立柱间有一个微小间隙便于温差变化下收缩（图3-8）。

② 幕墙立柱和横梁采用铝型材时，二者间固定角铝作为连接件，将横梁两侧角铝连接件采用螺栓与立柱连

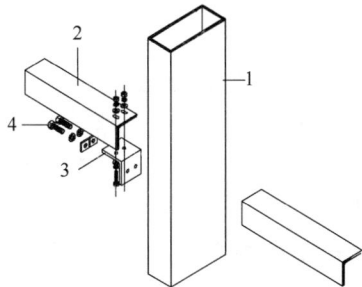

图 3-8　钢型材横梁与立柱装配示意
1—钢立柱；2—钢横梁；
3—连接角码；4—连接螺栓

接紧固，横梁插入角码连接件上，立柱与横梁连接处应避免刚性接触，可设置柔性垫片或预留12mm的间隙，间隙内填胶。

a. 测量放线：以该层标高线为基准，按施工图纸拉出横梁的水平定位线。横梁的安装宜由下向上进行，先按放线位置在立柱上标好角码固定点的位置。

b. 横梁应通过连接角铝、螺钉或螺栓与立柱连接，连接角铝应能承受横梁的剪力，其厚度不应小于3mm。螺钉直径不得小于4mm，连接角铝与立柱、横梁每处连接螺钉数量不得少于3个，螺栓不应少于2个。横梁与立柱之间应留有空隙，应有一定的相对位移能力。

c. 安装连接角铝。将连接角铝插入横梁两端。用不锈钢螺栓将横梁固定在立柱上。横梁与立柱间的接缝间隙应符合设计要求，安装应牢固。

d. 当安装完一层高度时，应进行检查、调整、校正和固定，使其符合质量要求。按设计要求，密封立柱与横梁的接缝间隙。

e. 同一根横梁两端或相邻两根横梁的水平标高偏差不应大于 1mm。同层标高差：当一幅幕墙宽度不大于 35m 时，不应大于 4mm；当一幅幕墙宽度大于 35m 时，不应大于 6mm。

（6）主要附件安装

1）焊接转接件

① 幕墙骨架安装检查合格后，应检查所有固定螺栓是否全部拧紧。然后按构件式幕墙施工图纸和焊接工艺将所有转接件、连接件与垫片、螺栓与螺母焊接，并涂防锈漆。焊接应牢固可靠，焊缝应密实，不得漏焊、虚焊，焊缝高度应符合设计要求。现场焊接处表面应先除去焊渣（疤），再涂刷两道防锈漆和一道面漆。在焊接中转接件等已损坏的防锈层，应按上述规定重新补涂。

② 对每个转接件进行隐蔽工程验收，并做好记录。

2）安装防雷装置

防雷装置应通过转接件与主体结构的防雷体系可靠连接（图 3-9）。

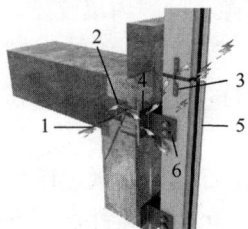

图 3-9 防雷构造示意
1—土建避雷主筋；2—避雷引出线；3—避雷连接导线；4—层间避雷均压环；5—立柱；6—连接件

3）安装防火层

按设计要求安装防火层。防火材料应用锚钉与耐火等级高的一侧固定牢固。防火层应平整、连续、密实，形成一个不间断的隔层，拼接处不留缝隙。对每个转接件、防火避雷节点应进行隐蔽工程验收，并做好记录。

（7）明框幕墙玻璃面板安装

构件式明框玻璃幕墙玻璃面板的安装，由于支承龙骨材质不同，玻璃固定方法也有差异。采用型钢龙骨，由于型钢没有镶嵌玻璃的凹槽，铝合金玻璃压条通过螺栓固定在型钢龙骨外侧，中间衬三元乙丙胶垫，防电偶腐蚀（图 3-10）。

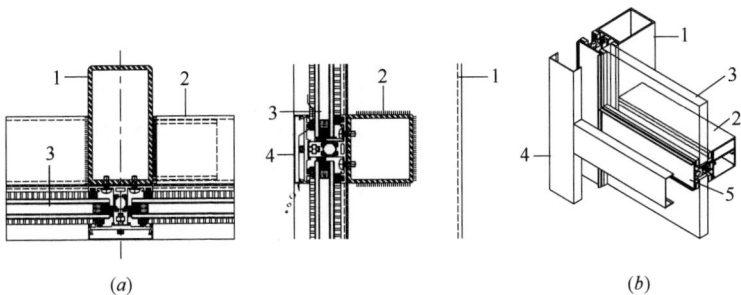

图 3-10　构件式明框玻璃幕墙构造示意

（a）钢龙骨；（b）铝龙骨

1—立柱（钢）；2—横梁（钢）；3—玻璃面板；4—扣盖；5—压板

1）隐蔽工程验收合格后方可进行幕墙面板安装。

2）检查板块编号、尺寸及外观。板块表面应干净，无污物、划痕和破损。

3）构件调整：为使玻璃组件在规定位置就位安装，个别超偏差较小的孔、榫、槽可适当扩孔、改榫。当发现位置偏差过大时，应对杆件系统进行调整或者重新制作。

4）面板安装应按下列要求进行：

① 安装前应进行表面清洁，应将表面尘土和污物擦拭干净。安装镀膜玻璃时，镀膜玻璃面朝向应符合设计要求；设计无要求时，应将单片阳光控制镀膜玻璃的镀膜面朝向室内，非镀膜面朝向室外。

② 应按规定型号选用玻璃四周的橡胶条，其长度宜比边框内槽口长 1.5%～2%；橡胶条斜面断开后应拼成预定的设计角度，并应采用粘结剂粘结牢固；镶嵌应平整。

5）安装、固定板块

① 对于采用钢龙骨支承的明框玻璃幕墙，在立柱、横梁及主要附件等施工安装完毕后，首先进行铝合金玻璃压条安装。

② 划控制线（或拉控制线）：按设计要求确定面板在框架体系中的水平和垂直位置，并在型材上划控制点或拉控制线，压条

93

中心线应与型钢立柱、横梁中心线重合。

③ 安装立柱和横梁内侧或铝合金玻璃压条上密封胶条。

④ 安装垫块：将立柱和横梁嵌槽内的杂物清除干净。在距横梁端头四分之一处各安放一块垫块，垫块的宽度与槽口相同，厚度不应小于 5mm，长度不小于 100mm。

⑤ 将板块平稳地居中放置在横梁垫块上，板块两侧与铝型材侧面间隙应相等。规格较小、重量较轻的面板玻璃，可用人工直接安装；单块玻璃较大、重量较重的面板玻璃，宜采用机械将玻璃安放在分格位置上。玻璃镶嵌时与铝合金构件不得直接接触，玻璃四周与构件凹槽底应保持一定空隙，每块玻璃下部应设不少于两块橡胶垫块。

玻璃周边嵌入量及空隙应符合设计要求，采用托板构造的应将玻璃面板安放到托板上（表 3-1、图 3-11）。

明框玻璃幕墙玻璃与边框间隙尺寸　　表 3-1

厚度（mm）		a (mm)	b (mm)	c (mm)	检测方法
单层或夹层玻璃	6	≥3.5	≥15	≥5	卡尺
	8～10	≥4.5	≥16	≥5	卡尺
	12 以上	≥5.5	≥18	≥5	卡尺
中空玻璃	$6+ds+6$	≥5	≥17	≥5	卡尺
	$8+ds+8$ 以上	≥6	≥18	≥5	卡尺

注：夹层玻璃以总厚度计算；ds 为空气层厚度。

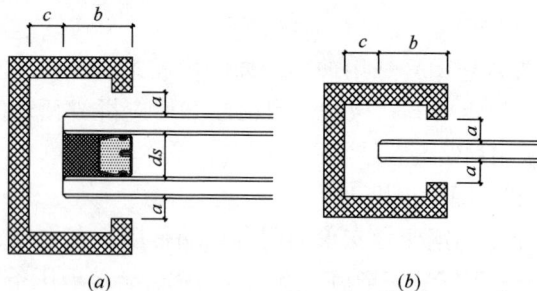

图 3-11　玻璃与槽口的配合尺寸

（a）中空玻璃；（b）单片或夹层玻璃

⑥ 在铝合金压板上钻孔，再安装橡胶密封条，然后将压板安装在立柱、横梁上。

明框玻璃幕墙铝合金压块宜采用通长构造，压块、密封条及玻璃外侧宜打注密封胶进行二次防水处理；采用间断式铝合金压块时，压块长度不应小于100mm，间距不应小于300mm；玻璃每边压块数量不应少于两个，每个压块与立柱、横梁的紧固螺栓不应少于两个。

⑦ 明框玻璃幕墙玻璃面板安装完毕后，即可进行铝合金扣盖安装。安装前，先选择相应规格和长度的内、外扣板进行编号。安装时，应防止扣盖的碰撞、变形。同一水平线上的扣盖应保持其水平度与直线度。宜由上至下安装。

采用间断式铝合金压块构造的，在扣盖安装完毕后，其与玻璃之间应打注硅酮耐候密封胶。

6）安装开启扇：按设计要求安装幕墙上开启窗。

7）安装幕墙沉降缝、防震缝、伸缩缝和封口封板。

8）进行隐蔽工程验收并做好记录。

（8）隐框幕墙玻璃组件安装

隐框玻璃幕墙主要采用铝合金压块通过螺栓将玻璃组件固定在横梁和立柱上，在玻璃组件的底部设置两个不锈钢或铝合金托条（图3-12）。

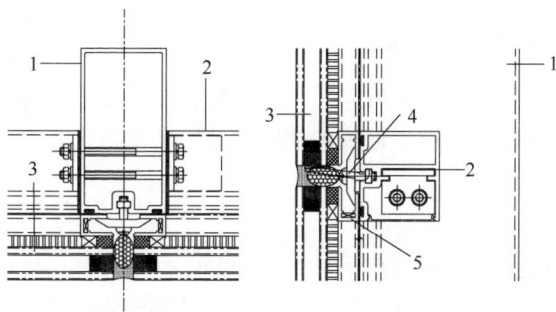

图 3-12 隐框玻璃幕墙玻璃组件构造示意

1—立柱；2—横梁；3—玻璃面板；4—托条；5—铝合金副框

隐框玻璃幕墙玻璃组件由玻璃面板和铝合金副框组成，二者间采用硅酮结构密封胶进行粘结（图3-13）。

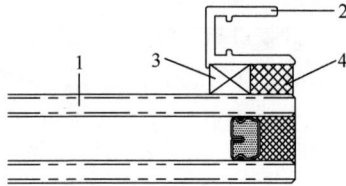

图 3-13　隐框玻璃幕墙玻璃组件构造示意
1—玻璃面板；2—铝合金副框；
3—双面胶贴；4—硅酮结构密封胶

构件式隐框玻璃幕墙横梁、立柱安装完毕后，即可开始安装玻璃组件。

1）隐蔽工程验收合格后方可进行幕墙面板安装。

2）检查隐框玻璃幕墙框架的尺寸，除长、宽外，还应复核对角线尺寸；检查玻璃组件编号、尺寸及外观，板块表面应干净，无污物、划痕和破损；检查玻璃组件结构胶的宽度和厚度，满足设计要求后方可安装。

3）构件调整：为使玻璃组件在规定位置就位安装，个别超偏差较小的孔、榫、槽可适当扩孔、改榫。当发现位置偏差过大时，应对杆件系统进行调整或者重新制作。

4）安装前应进行表面清洁，应将表面尘土和污物擦拭干净。安装镀膜玻璃时，镀膜玻璃面朝向应符合设计要求；设计无要求时，应将单片阳光控制镀膜玻璃的镀膜面朝向室内，非镀膜面朝向室外。

5）安装、固定板块

① 对于采用钢龙骨支承的隐框玻璃幕墙，在立柱、横梁及主要附件等施工安装完毕后，应在钢龙骨的外表面铺设三元乙丙橡胶垫，防止电偶腐蚀。

② 划控制线（拉控制线）：按设计要求确定玻璃组件在框架

体系中的水平和垂直位置，并在型材上划控制点或拉控制线，压块中心线应与立柱、横梁中心线重合。

③ 安装托条：隐框或横向半隐框玻璃幕墙，每块玻璃下端应设置两个铝合金或不锈钢托条，与横梁采用螺钉或其他措施紧固，其长度不应小于100mm，厚度不应小于2mm。高度不应露出玻璃外表面，但应托住外片玻璃，托条与玻璃间应加设弹性垫片，接触应密实。

④ 将铝合金压块预先通过螺栓临时连接在立柱和横梁上。将板块的上边框插入横梁的嵌槽内，同时向上移动板块直到板块下边框平稳地放置在横梁的挂钩上，调整位置，无误后拧紧立柱上固定压块的螺钉。压块数量应符合设计要求。

6）安装开启扇：按设计要求安装幕墙上开启窗。

7）安装幕墙沉降缝、防震缝、伸缩缝和封口封板。

8）进行隐蔽工程验收并做好记录。

（9）密封注胶

密封工序可在板块安装完毕或完成一定单元并检验合格后进行，按设计要求注胶密封。注胶前应先将玻璃、铝型材，及耐候胶进行相容性及粘结性试验，如出现不相容情况，必须先刷底漆，在确认相容后再进行注胶。

如为隐框、半隐框幕墙，接缝间隙的注胶工艺如下：

1）清洁胶缝：采用双布净化法，将丙酮或二甲苯溶剂倒在一块干净小布上，单向擦拭隐框、半隐框幕墙胶缝。并在溶剂未挥发前，再用另一块干净小布将溶剂擦拭干净。用过的棉布不可重复使用，应及时更换。

2）在接缝间隙填充泡沫条。耐候密封胶的胶缝表面质量与胶缝厚度无关，厚的胶缝固化时收缩量大，薄的胶缝固化时收缩量小。如果胶缝厚薄不匀，胶缝表面固化后就会高低不平。另外，耐候密封胶的胶缝也不宜过厚，以免影响胶缝在幕墙变位时的弹性，应控制在不小于3.5mm的范围内。所以，泡沫条不宜用手随意填充，应用限位器控制填充深度，保证胶缝厚度为5～

6mm。泡沫条宜用矩形截面，宽度尺寸应比胶缝宽 2mm，不得使用小泡沫条绞成麻花状填充胶缝。

3）在接缝间隙两边贴保护胶纸（美纹纸）。隐框、半隐框幕墙胶缝的直线度与保护胶纸粘贴的直线度是一致的，必须严格遵循以下胶纸的粘贴工艺：

① 应进行保护胶纸粘贴工艺的专项培训，不合格的工人不得上岗。

② 粘贴时，用左手将保护胶纸的一端粘在玻璃上，使保护胶纸的一边与玻璃边缘齐平，右手将保护胶纸尽可能拉直、拉长并与玻璃边缘齐平，然后用左手从上到下或从左到右地将保护胶纸粘贴在玻璃边缘上。如果有弯曲或歪斜，应拉开重贴。

4）胶缝注胶。注胶时，应保持胶体的连续性，防止气泡和夹渣。一旦发现气泡应挖掉重注。

5）刮平。为了增加胶缝弹性，胶缝表面宜成凹面弧形，凹面深度应小于 1mm。

6）表面清理。注胶结束后，应及时撕去保护胶纸，将废保护胶纸放入容器内，不得随地乱丢。被污染的玻璃表面，应用刮刀清理。

7）构件式幕墙中硅酮建筑密封胶的施工应符合下列要求：

① 硅酮建筑密封胶不宜在夜晚、雨天打胶，打胶温度应符合设计要求和产品要求，打胶前应使打胶面清洁、干燥。

② 硅酮建筑密封胶的施工厚度应大于 3.5mm，施工宽度不宜小于施工厚度的 2 倍；较深的密封槽口底部应采用聚乙烯发泡材料填塞。

③ 硅酮建筑密封胶在接缝内应两对面粘结，不应三面粘结。

（10）构件式幕墙收边收口

1）女儿墙收边。女儿墙收边宜采用金属板，上部表面应按施工设计图要求，向内侧倾斜，如施工设计图未提出要求，则应向内侧倾斜 5°。内侧立板下口应比女儿墙压顶梁低 100～150mm，然后水平折弯至女儿墙压顶梁侧面。收口采用隐框幕墙形式，即在女儿墙压顶梁侧面设置水平骨架，金属板采用内翻边，用连接件与水平骨架固定，在金属板和女儿墙压顶梁侧面之间注密封胶。如果女儿墙有很长的斜面，则收边板上平面的外侧应设置 50mm 高的挡水凸台，并在斜面根部附近设置两道挡水板，下大雨时，可以将斜面上的水导向女儿墙内侧，防止因雨水溢至外幕墙产生瀑布式污染。

2）室外地面或楼顶面收边。地面和楼顶面均应进行防水处理，所以，幕墙宜采用金属板收边至地面或楼顶面上部 250～300mm 处。可采用槽口插入式或外翻边式进行固定，地面或楼顶面做防水时，应将防水层做到金属板的下平面，确保防水质量。

3）洞孔收边。当幕墙在洞口断开时，幕墙与主体建筑之间存在很大缝隙，宜采用金属板进行收边。由于密封胶与主体建筑的梁、柱不相容，洞口收边时，为了防止雨水渗漏，应在幕墙梁、柱与主体建筑之间的缝隙加注聚氨酯发泡剂密封。

4）相关分部分项工程收口。避雷系统安装、航标灯安装、亮化照明安装和其他工程安装都要在幕墙的收边板或者幕墙本体上开口。为了防止雨水渗漏，除了在开口处注密封胶外，还应在伸出幕墙的安装杆上加装高 20mm 的套管，并在套管与幕墙接触处和套管内加注密封胶。

（11）清洗幕墙

施工中，对幕墙构件表面会造成腐蚀的粘附物等应及时清洗。

（12）竣工验收

1）施工单位应按相关行业标准及规范规定向监理提供构件式幕墙验收时应检查的所有文件和记录。

2）施工单位按商定的检验批进行构件式幕墙的自检，并做好自检记录。

3）监理按商定的构件式幕墙检验批进行初检，提出整改意见。

4）施工单位应按监理的整改意见逐条进行整改，重要的整改条款应提出整改报告。

5）监理进行构件式幕墙的验收，并签证验收意见。

（五）质 量 标 准

1. 立柱安装要求

幕墙立柱的安装应符合下列要求：

（1）立柱安装轴线偏差不应大于 2mm。

（2）相邻两根立柱安装标高偏差不应大于 3mm，同层立柱的最大标高偏差不应大于 5mm；相邻两个立柱固定点的距离偏差不应大于 2mm。

（3）立柱安装就位、调整后应及时紧固。

2. 横梁安装要求

幕墙横梁安装应符合下列要求：

（1）横梁应安装牢固，横梁和立柱间留有间隙时，间隙宽度应符合设计要求。

（2）同一根横梁两端或相邻两根横梁的水平标高偏差不应大于 1mm。同层标高偏差：当一幅幕墙宽度不大于 35m 时，不应大于 5mm；当一幅幕墙宽度大于 35m 时，不应大于 7mm。

（3）当安装完成一层高度时，应及时进行检查、校正和固定。

3. 附件安装要求

幕墙其他主要附件安装应符合下列要求：

（1）防火、保温材料应铺设平整且可靠固定，拼接处不应留缝隙。

（2）冷凝水排出管及其附件应与水平构件预留孔连接紧密，与内衬板出水孔连接处密封。

（3）其他通气槽孔及雨水排出口应按设计要求施工，不得遗漏。

（4）封口应按设计要求进行封闭处理。

（5）幕墙安装使用的临时螺栓等，应在构件紧固后及时拆除。

（6）采用现场焊接或高强螺栓紧固的构件，应在紧固后及时进行防锈处理。

4. 安装质量标准

构件式玻璃幕墙组装就位后允许偏差应符合表 3-2 的规定。

构件式幕墙安装允许偏差　　　　表 3-2

项目	尺寸范围 （m）	允许偏差 （mm）	检查方法
竖缝及墙面垂直度（幕墙高度 H）	幕墙高度≤30	≤10	激光仪或经纬仪
	30＜幕墙高度≤60	≤15	
	60＜幕墙高度≤90	≤20	
	90＜幕墙高度≤150	≤25	
	幕墙高度＞150	≤30	
幕墙平面度		≤2.5	2m 靠尺、钢板尺
竖缝直线度		≤2.5	2m 靠尺、钢板尺
横缝直线度		≤2.5	2m 靠尺、钢板尺
缝宽度（与设计值比较）		≤2	卡尺
两相邻面板之间接缝高低差		≤1	深度尺

5. 安装检验标准

（1）明框玻璃幕墙

明框玻璃幕墙安装质量的检验标准，应符合下列规定：

1）玻璃与构件槽口的配合尺寸应符合相关行业标准及规范的规定。

2）每块玻璃下部应设不少于两块弹性定位垫块，垫块的宽度与槽口宽度相同，长度不应小于 100mm，厚度不应小于 5mm。

3）橡胶条镶嵌应平整、密实，橡胶条长度宜比边框内槽口长 1.5%～2.0%，其断口应留在四角，拼角处应粘结牢固。

4）不得采用自攻钉固定承受水平荷载的玻璃压块。压块的固定方式、固定点数量应符合设计要求。

5）明框玻璃幕墙拼缝质量的检验指标，应符合下列规定：

① 金属装饰压板应符合设计要求，表面应平整，色彩应一致，不得有变形、波纹和凹凸不平，接缝应均匀严密。

② 明框拼缝外露框料或压板应横平竖直，线条通顺，并应满足设计要求。

③ 当压板有防水要求时，必须满足设计要求；排水口的形状、位置、数量应符合设计要求，且排水通畅。

6）检查明框玻璃幕墙的安装质量，应采用观察检查、查找施工记录和质量保证资料的方法，也可采用分度值为1mm的钢直尺或分辨率为0.5mm的游标卡尺测量垫块长度和玻璃嵌入量。

7）检查明框玻璃幕墙拼缝质量时，应与设计图纸核对，观察检查，也可打开检查。

（2）隐框玻璃幕墙

隐框玻璃幕墙组件安装质量的检验指标，应符合下列规定：

1）玻璃板块组件必须安装牢固，固定点距离应符合设计要求且不宜大于300mm，不得采用自攻螺钉固定玻璃板块。

2）隐框玻璃板块在安装后，幕墙平面度允许偏差不应大于2.5mm，相邻两玻璃之间的接缝高低差不应大于1mm。

3）隐框玻璃板块下部应设置支撑玻璃的托板，长度不应小于100mm，厚度不应小于2mm。

4）隐框玻璃幕墙的胶缝质量，应横平竖直，缝宽均匀，填嵌密实、均匀、光滑、无气泡。

6. 外观质量要求

（1）一般要求

1）玻璃幕墙表面应平整，外露表面不应有明显擦伤、腐蚀、污染、斑痕。

2）玻璃幕墙的外露框、压条、装饰构件、嵌条、遮阳板等应平整。

3）幕墙面板接缝应横平竖直，大小均匀，目视无明显弯曲扭斜，胶缝外应无胶渍。

（2）框支承玻璃幕墙

框支承玻璃幕墙的质量要求应符合下列规定：

1）铝合金材料及玻璃表面不应有铝屑、毛刺、明显的电焊伤痕、油斑和其他污垢。

2）幕墙玻璃安装应牢固，橡胶条应镶嵌密实，密封胶应填充平整。

3）每平方米玻璃的表面质量应符合表 3-3 的要求。

每平方米玻璃的表面质量要求 表 3-3

项目	质量要求	检测方法
0.1～0.3mm 宽度划伤痕	长度小于 100mm；不超过 8 条	观察
擦伤	不大于 500mm²	钢直尺

4）一个分格铝合金框料表面质量应符合表 3-4 的要求。

一个分格铝合金框料表面的质量要求 表 3-4

项目	质量要求	检测方法
擦伤、划伤深度	不大于处理膜层厚度的 2 倍	观察
擦伤总面积	不大于 500mm²	钢直尺
划伤总长度	不大于 150mm	钢直尺
擦伤和划伤处数	不多于 4 处	观察

注：一个分格铝合金框料指该分格的四周框架构件。

5）幕墙竖向和横向构件的组装允许偏差，应符合表 3-5 的规定，测量检查在风力小于 4 级时进行。

幕墙竖向和横向构件的组装允许偏差（mm） 表 3-5

项目	尺寸范围	允许偏差（不大于）		检查方法
		铝构件	钢构件	
相邻两竖向构件间距尺寸（固定端头）	—	±2.0	±3.0	钢卷尺

项目	尺寸范围	允许偏差（不大于）		检查方法
		铝构件	钢构件	
相邻两横向构件间距尺寸	间距≤2000mm	±1.5	±2.5	钢卷尺
	间距＞2000mm	±2.0	±3.0	
分格对角线差	对角线长≤2000mm	3.0	4.0	钢卷尺或伸缩尺
	对角线长＞2000mm	3.5	5.0	
竖向构件垂直度	高度≤30m	10	15	经纬仪或铅垂仪
	高度≤60m	15	20	
	高度≤90m	20	25	
	高度≤150m	25	30	
	高度＞30m	30	35	
相邻两横向构件的水平高差	—	1.0	2.0	钢板尺或水平仪
横向构件水平度	构件长≤2000mm	2.0	3.0	水平仪或水平尺
	构件长＞2000mm	3.0	4.0	
竖向构件直线度	—	2.5	4.0	2m靠尺
竖向构件外表面平面度	相邻三立柱	2	3	经纬仪
	宽度≤20m	5	7	
	宽度≤40m	7	10	
	宽度≤60m	9	12	
	宽度＞60m	10	15	
同高度内横向构件的高度差	长度≤35mm	5	7	水平仪
	长度＞35mm	7	9	

（3）隐框玻璃幕墙

隐框玻璃幕墙的安装质量应符合表3-6的规定。

隐框玻璃幕墙的安装质量要求　　　　　　表 3-6

项　目	尺寸范围 （m）	允许偏差 （mm）	检查方法
竖缝及幕墙 面垂直度	幕墙高度≤30	10	激光仪或 经纬仪
	30＜幕墙高度≤60	15	
	60＜幕墙高度≤90	20	
	90＜幕墙高度≤150	25	
	幕墙高度＞150	30	
幕墙平面度		2.5	2m靠尺、塞尺
竖缝直线度		2.5	2m靠尺、塞尺
横缝直线度		2.5	2m靠尺、塞尺
拼缝宽度（与设计值比）		2	卡尺

7. 抽样检验

玻璃幕墙工程抽样检验数量：每幅幕墙的竖向构件或竖向接缝和横向构件或横向接缝应各抽查 5％，并均不得少于 3 根；每幅幕墙分格应各抽查 5％，并不得少于 10 个。抽查质量应符合相关行业标准的规定。

抽样的样品，1 根竖向构件或竖向接缝指该幕墙全高的 1 根构件或接缝；1 根横向构件或横向接缝指该幕墙全宽的 1 根构件或接缝。凡幕墙上的开启部分，其抽样检验的工程验收应符合现行国家标准《建筑装饰装修工程质量验收标准》GB 50210—2018 的有关规定。

四、单元式玻璃幕墙安装

单元式幕墙是指由面板与支承框架在工厂制成的不小于一个楼层高度的幕墙结构基本单位,直接安装在主体结构上组合而成的框支承建筑幕墙。单元式幕墙将幕墙的龙骨、面材及各种材料在工厂组装成一个完整的幕墙结构基本单元,运至施工现场,然后通过吊装,直接安装在主体结构上,通过板块间的插接配合,达到建筑幕墙的各项性能要求。单元式幕墙板块高度一般为一个或多个楼层高度,宽度在1.2~1.8m左右,可直接固定在楼层混凝土梁上,安装方便(图4-1)。

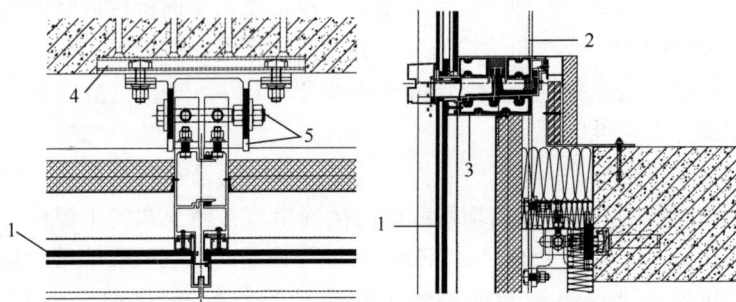

图 4-1　单元式幕墙构造示意

1—面板;2—单元板块竖框;3—单元板块横框;4—槽型埋件;5—转接件与挂轴

(一) 一 般 规 定

1. 安装要求

(1) 单元式幕墙的主体结构,应符合有关结构施工质量验收规范的要求。

(2) 进场安装的单元式幕墙主框构件及零附件的材料、品种、规格、色泽、加工尺寸公差和性能应符合设计要求，使用的材料必须具备相应的出场合格证、质保书和检验报告，不合格的构件不得安装使用。

（3）单元式幕墙，单元间采用对插式组合构件时，纵横缝相交处应采取防渗漏封口构造措施。

（4）预埋件位置偏差过大或未设预埋件时，应制定补救措施或可靠连接方案，经业主、监理、建筑设计单位洽商同意后方可实施。

（5）由于主体结构施工偏差过大而妨碍单元式幕墙安装施工时，应会同业主和主体结构承包方采取相应措施，并在幕墙安装前实施。

（6）在单元式幕墙安装过程中，注意幕墙型材及板块的保护，及时清除幕墙型材、板块表面上的水泥砂浆及密封胶。

（7）按设计图纸要求，在楼层之间进行防火处理。耐火极限应符合合同要求及有关标准。

2. 隐蔽工程验收项目及部位

（1）预埋件或后置埋件。

（2）连接件与主体结构的连接。

（3）单元板块挂件与连接件的安装。

（4）单元板块顶部过桥连接板安装。

（5）幕墙防火构造节点。

（6）幕墙防雷构造节点。

（7）幕墙四周的封堵、幕墙与主体结构间的封堵。

（二）施工设备、机具与检测仪器

1. 设备和机具

吊篮、电焊机、手电钻、冲击电钻、螺丝刀、胶枪、小型切割机、割胶刀、电动自攻螺钉钻、射钉枪、手动玻璃吸盘、铝型材切割机、活动扳手、吊车、卷扬机、电动玻璃吸盘、手动葫芦、板块转运车等。

2. 检测仪器

经纬仪、水准仪、激光垂准仪、2m 靠尺、卡尺、深度尺、钢卷尺、塞尺、测厚仪、韦氏硬度计等。

（三）施工安装流程与工艺

1. 工艺流程

安装施工装备—预埋件检查—安装主要附件—安装挂轴—安装幕墙单元—收边收口—清洗幕墙—竣工验收。

2. 施工工艺

（1）安装施工准备

1）检查单元式幕墙安装的现场条件：并对建筑物安装幕墙部分的外形尺寸进行复查，要求达到与幕墙配合尺寸在允许偏差范围内。

2）复查幕墙板块：检查幕墙板块的品种、规格尺寸、色泽是否符合设计要求；幕墙板块是否有明显的质量检验标识；幕墙板块在运输等过程中有否损坏、变形、划痕和污染等。

3）幕墙板块安装前均应进行检验与校正，不得安装不合格的板块。

4）单元吊装机具准备应符合下列条件：

①应根据单元板块的规格、重量及安装方法选择适当的吊装机具，附着式吊装机具应与主体结构可靠连接。

②安装单元板块的吊装机具应进行专门设计，吊装机具的承载能力应大于板块吊装施工中各种荷载和作用的组合值。吊装机具使用前，应进行全面质量、安全检查。

③应对吊装机具安装位置的主体结构承载能力进行校核，并得到建筑设计单位书面确认。吊装机具应与主体结构可靠连接，并有限位、防止脱轨和防倾覆措施。

④宜合理地设计吊具，使单元板块在吊装过程中不产生水平方向分力，并应采取措施减小摆动。

⑤吊具运行速度应可控制，并有安全保护措施；吊装机具上应设置防止板块坠落的保护措施（图4-2）。

5）单元构件运输应符合下列条件：

幕墙单元板块在工厂组装好后，经质检人员检验合格后，方可运往现场。幕墙单元板块与周转架之间、周转架与运输车辆间接触面要垫好毛毡减振、减磨，上部用花篮螺栓将幕墙单元板块拉紧。单元

图 4-2　板块吊运防坠落措施

板块的运输必须规范，否则会造成单元板块变形、破损，最终影响单元式玻璃幕墙安装质量。

①运输单元板块前应顺序编号，并做好成品保护。

②装卸及运输过程中，应采用有足够承载力和刚度的周转架，并选用合适的衬垫，使单元板块之间相互隔开并相对固定，防止划伤、相互挤压和窜动。

③超过运输允许尺寸的单元板块，应采取特殊措施。

④单元板块应顺序摆放平稳，不应造成板块或型材变形。

⑤运输过程中，应采取措施减小颠簸。

6）在场内堆放单元板块时，应符合下列要求：

①单元板块运到工地后，首先检查单元板块在运输过程中是否有损坏，数量、规格是否有错，检查单元板块是否有出场合格证，单元板块的标志是否清晰。以上条件满足后，再复检每个单元板块，尺寸误差是否在公差范围内，重点检查单元板块的转接定位块的高度。

②宜设置专用堆放场地，并有安全保护措施；短期露天存放时，应采取防水、防火和遮阳措施。

③不应直接叠层堆放，宜存放在周转架上（图 4-3）。

图 4-3　运输周转架

④应依照安装顺序先出后进的原则，按编号排列放置，不宜频繁装卸。防止多次搬运对单元板块造成损坏、变形。

7）单元板块垂直运输及楼层内转运

①对于高层、超高层建筑来说，应每五层搭设接料平台，借用总包单位外悬吊机进行单元板块的第一次吊运，配合使用安全牵引设备或装置，将单元板块从地面平稳提升吊送至接料平台上（图 4-4）。

②搬运工人在楼层内将接料平台上单元板块通过水平材料运输龙门吊将其吊运到指定

图 4-4　单元板块接料平台

的材料堆放架上。当进行单元板块安装的时候，再通过水平材料运输板车将板块转运到各个安装工位上（图 4-5）。

③单元板块二次吊运主要采用活动小吊车或轨道吊装系统进行。

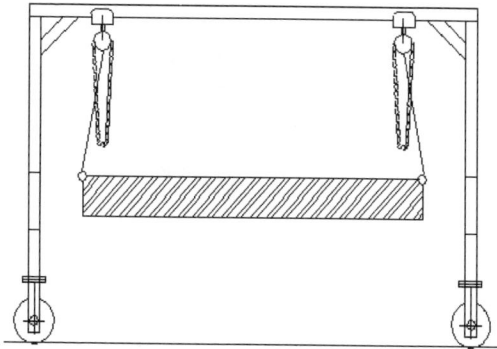

图 4-5　水平运输板车示意

　　活动小吊车（单臂吊）由车身、吊装系统和配重组组成，每五层布设并与接料平台所在搭设楼层对应配置，车身一般采用方钢管焊接而成，规格大小需经结构计算确定，焊接完毕后，下部安装尼龙万向轮，便于移动，并在前端设置固定支撑臂，在吊装时放下，稳定吊车；吊装系统由卷扬机、前吊臂和拉杆组成，卷扬机安装在车身后部，前吊臂采用方钢管焊接而成，并使用销钉固定在车身前部，可以转动，在吊车转移到其他施工段的时候能收起前吊臂，便于转运；配重组在吊车后部，配重块数量需经计算确定并宜超额配置，以增强小吊车稳定性（图 4-6）。

　　轨道吊装系统由轨道、卷扬机等组成，环形轨道材料一般选用经计算满足使用要求的工字钢，卷扬机的选用应满足单元板块垂直运输要求（图 4-7）。

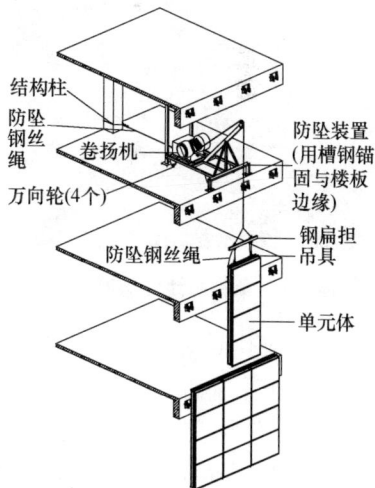

图 4-6　活动小吊车

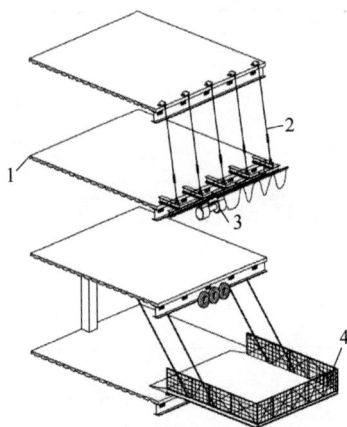

图 4-7　可移动轨道吊装系统

1—主体结构；2—钢索；3—轨道及卷扬机；4—接料平台

　　④单元板块通过水平材料运输龙门吊将其吊运到指定的安装位置，放置在幕墙单元板块安装翻转车上（图 4-8）。

图 4-8　单元板块安装翻转车

　　单元板块安装翻转车由带行走轮的底座和翻转支架组成，底座的前端设置有液压手动转动轴，翻转支架通过转动轴放置于底座之上，单元板块用绑带绑扎在翻转支架上，能安全地完成重型板块的翻转（图 4-9）。

　　⑤单元板块垂直吊运整体示意如图 4-10 所示。

　　8）现场作业条件

　　①主体结构及二次结构施工完毕，并经验收合格。

　　②幕墙位置和标高基准控制点、线已测设完毕，并预验合格。

图 4-9　安装翻转车工作流程

③幕墙安装所用的预埋件、预留孔洞的施工已完成，位置正确，空洞内杂物已清理干净，并经验收符合要求。

④专用吊具的埋设已安装，施工用脚手架、材料垂直运输设备及卸料平台等已搭好，施工临时用电已供应到作业面，并经验收合格。

图 4-10　单元板块垂直吊运

⑤幕墙单元组件和辅材的现场存放库已准备好，若为露天存放，应有防风、防雨措施。

⑥各楼层的作业区域内可移动障碍物已清理干净。装有吊装机械的楼层沿幕墙轴线应留出 5～8m 作业面，其他楼层应留出不少于 3m 作业面。

（2）预埋件检查

1）检查预埋件：逐个找出预埋件，清除埋件表面的覆盖物和埋件内的填充物（槽型埋件）。并检查预埋件与主体结构结合是否牢固、位置是否正确。

2）测量放线

①按照复测放线后的轴线和层高基准进行单元式幕墙安装洞口尺寸的放线测量，设置基准钢线。

②严格按单元式幕墙安装洞口大样图定位，检查测量误差。如误差超过图纸规定，应及时向设计单位反映，经设计变更后方可继续施工。

3）安装转接件

单元式幕墙的转接件是指与单元式幕墙组件相配合、安装在主体结构上的连接构件，它与单元板块上的连接构件对接后，按定位位置将单元板块固定在主体结构上，梁侧预埋时为一组对接构件，梁顶预埋时为一块挤压成型的铝合金构件（图4-11），有严格的公差配合要求：在预埋件上安装转接件时，转接件中心点与预埋件

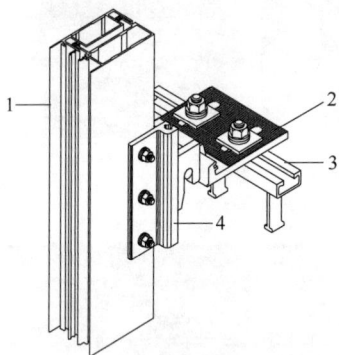

图4-11　单元板块与埋件装配示意
1—单元板块竖向框料；2—转接件；
3—槽型埋件；4—连接构件

上十字中心点二维方向上偏差应小于5mm。

①转接件与预埋件如果是不同的金属，则接触面间必须加绝缘隔离垫。

②转接件安装前，首先必须检查预埋件平面位置及标高，同时要将施工误差较大的预埋件进行纠偏处理，调整到允许范围后才能安装转接件。对工程整体进行测绘控制线，依据轴线位置的相互关系将十字中心线弹在预埋件上，作为安装支座的依据。

③当埋件与单元板块框体间采用钢角码直接连接时，应按弹线位置将两只角码顺次焊接到埋板上。焊缝应符合设计要求，焊接要牢固。角码的水平度和垂直度应符合设计要求。

④转接件安装完成后，按施工图和测量结果进行检查和复核，转接件检查和复核工作100％全覆盖，对于弧形或曲线平面可制作模板进行复核。

⑤转接件安装完成后，应按设计要求对现场焊接部位进行防腐处理。

（3）安装主要附件

1）安装锚固点：检查所有锚固点的位置精度，检查固定螺栓是否全部拧紧。然后按图纸和焊接工艺将所有锚固点的转接件、垫片、螺栓与螺母焊接。焊接应牢固可靠、焊缝密实，不得有漏焊、虚焊，焊缝高度应符合设计要求。现场焊接处表面应先去焊渣（疤），再刷涂两道防锈漆以及一道面漆。焊接过程中，转接件等已损坏的防锈层应按上述规定重新补涂。每个锚固点应进行隐蔽工程验收，并做好记录。

2）按设计要求安装防雷装置。防雷装置应与主体结构的防雷系统可靠连接。

3）安装防火层

①按设计图纸安装防火层。防火材料应固定牢固。防火层应平整、连续，形成一个不间断的隔层，拼接处不留缝隙。

②对每个预埋件、避雷接地点应进行隐蔽工程验收，并做好记录。

（4）安装挂轴

用螺母将挂轴安装在转接件上，然后调整挂轴。挂轴位置与设计要求位置在二维方向上的误差不得大于1mm。

连接件安装调整完毕后，应及时进行防腐处理。

（5）安装幕墙单元

1）隐蔽工程验收合格后方可进行幕墙单元安装。

2）幕墙单元起吊和就位应符合下列条件：

①单元板块起吊和就位时，检查吊具、吊点和主体结构上的挂点是否安全可靠。对吊点数量、位置进行复核，保证单元吊装的准确性、可靠性。

②幕墙单元板块上吊点位置、数量应根据板块形状和重心设计，幕墙单元起吊和挂点应符合设计要求，吊点不应少于两个。必要时可增设吊点加固措施并试吊。

③起吊幕墙单元时，应使各吊点均匀受力，起吊过程应保持单元板块平稳。

④吊装升降和平移应使幕墙单元不摆动，不撞击其他物体。

⑤吊装过程应采取措施保证装饰面不受磨损和挤压。

⑥幕墙单元就位时，应先将其挂到主体结构的挂点上，再进行其他工序；板块未固定前，吊具不得拆除。

⑦实施吊装作业时，起吊物料的重量不应超过吊具起重量和接料平台的承载能力。

⑧楼层上设置的接料平台应进行专门设计，接料平台的承载能力应大于幕墙单元板块、周转架的最大自重以及搬运人员体重和其他施工荷载的组合值，接料平台的周边应设置防护栏杆。

3）幕墙单元安装顺序应由下向上一次安装。在条件允许的情况下，应安装完下一层楼层的全部幕墙单元后，再进行上一层楼层的幕墙单元安装。

4）幕墙单元安装应使用专用的安装设备（安装车或吊车）。幕墙单元安放在安装车上时，应设置软垫衬，以防止幕墙单元被划伤。

5）单元板块的插接就位

①单元板块插接就位由单元板块吊装层及上一层人员共同完成。

②单元板块下行至单元体挂点与转接件高度之间相距200mm时，命令板块停止下行，并进行单元板块的左右方向插接。

③左右方向插接完成后，在控制左右接缝尺寸的情况下，命令板块继续下行，此时由板块上一层人员负责单元体挂件与转接件的对接，板块安装上层人员负责上、下两单元板块的插接。

④确认单元板块的挂点，左右插接，上、下插接都已安装到位后，拆除夹具，并命令其返回板块存放层。

⑤松开吊挂，用靠尺、水平仪找准，通过调节不锈钢内六角螺栓校正板块，并做防水处理。

⑥单元板块的微调：借助水平仪通过调整高度调节螺栓，实现板块高度方向的微调。并且对单元板块的左右接缝进行校验微

调。调整完毕后将连接挂件与转接件锁紧。

⑦在已装好的板块保温层与墙面之间用镀锌角钢、角铝连接镀锌铁皮，塞上防火岩棉，盖上镀锌板做防火处理。

6）每一幕墙单元安装前，应仔细清洗先行安装的下一楼层幕墙单元上的横型材，再安装好两幕墙单元上横型材质检的防水装置（U形桥），防水装置处严格密封（图4-12）。

图4-12　单元板块十字缝防水处理

7）安装幕墙单元时严禁用铁锤等物敲击板块。

8）每一幕墙单元安装后都应进行测量，必须保证幕墙单元的水平度和垂直度均不大于1/1000。

9）校正及固定应按下列规定进行：

①幕墙单元就位后，应及时校正。

②幕墙单元校正后，应及时与连接部位固定，并应进行隐蔽工程验收。

③幕墙单元固定后，方可拆除吊具，并应及时清洁幕墙单元的型材线槽口。

10）施工中如果暂停安装，应将对插槽口等部位进行保护；安装完毕的幕墙单元应及时进行成品保护。

（6）收边收口

1）女儿墙收边。单元式幕墙上口有女儿墙时，应按单元式幕墙收边口节点图进行安装。上部表面应向内侧倾斜，如施工设计图未提出要求，则应向内侧倾斜5°。收口应隐蔽。如果女儿墙有很长的斜面，则收边板上平面的外侧应设置挡水凸台和挡水板。

2）室外地面或楼顶面收边。应按节点图进行收边。由于地面或楼顶面均需进行防水处理，所以，幕墙的收边板宜采用金属板收边至地面或楼面上部250～300mm处。收口应隐蔽。

3）洞口收边。当单元式幕墙在洞口断开时，单元式幕墙与主体建筑质检的空间，应按单元式幕墙洞口节点图进行收边。单元式幕墙和主体建筑质检的缝隙应加注发泡剂密封。

（7）清洗幕墙

单元式幕墙在安装前应进行预清洗。幕墙安装后，由于尘土和其他施工单位的施工废弃物附着在幕墙板块表面，因此，工程安装完成后，应请专业清洗公司清洗幕墙表面。

（8）竣工验收

1）施工单位应按国家或行业标准的规定向监理提供单元式幕墙验收时应检查的所有文件和记录。

2）施工单位按商定的检验批对单元式幕墙进行自检，并做好自检记录。

3）监理按照商定的检验批对单元式幕墙进行初检，提出整改意见。

4）施工单位应按监理的整改意见逐条进行整改，重要的整改条款应提出整改报告。

5）监理进行单元式幕墙工程验收，并签证验收意见。

（四）质 量 标 准

（1）单元锚固连接件的安装位置允许偏差为±1.0mm。

（2）单元部件连接

1）插接型单元部件之间应有一定的搭接长度，竖向搭接长度不应小于10mm，横向搭接长度不应小于15mm。

2）单元连接件和单元锚固连接件的连接应具有三维可调性，三个方向的调节量不应小于20mm。

3）单元部件间十字接口处应采取防渗漏措施。

4）单元式幕墙的通气孔和排水孔应采用透水材料封堵。

（3）单元幕墙板块安装固定后的偏差应符合表 4-1 的要求。

单元式幕墙安装允许偏差　表 4-1

项　目		允许偏差（mm）	检查方法
墙面垂直度 （幕墙高度 H）	$H{\leqslant}30$	${\leqslant}10$	经纬仪
	$30{<}H{\leqslant}60$	${\leqslant}15$	
	$60{<}H{\leqslant}90$	${\leqslant}20$	
	$90{<}H{\leqslant}150$	${\leqslant}25$	
	$H{>}150$	${\leqslant}30$	
幕墙平面度		${\leqslant}2.5$	2m 靠尺
竖缝直线度		${\leqslant}2.5$	2m 靠尺
横缝直线度		${\leqslant}2.5$	2m 靠尺
单元间接缝宽度（与设计值比）		${\pm}2.0$	钢直尺
相邻两单元接缝面板高低差		${\leqslant}1.0$	深度尺
单元对插配合间隙（与设计值比）		$+1.0$ 0	钢直尺
单元对插搭接长度		${\pm}1.0$	钢直尺

（4）连接件安装允许偏差应符合表 4-2 的要求。

连接件安装允许偏差　表 4-2

序号	项　目	允许偏差（mm）	检查方法
1	标　高	${\pm}1.0$（可上下调节 时${\pm}2.0$）	水准仪
2	连接件两端点平行度	${\leqslant}1.0$	钢尺
3	距安装轴线水平距离	${\leqslant}1.0$	钢尺
4	垂直偏差（上、下两端点 与垂线偏差）	${\pm}1.0$	钢尺
5	两连接件连接点中心水平距离	${\pm}1.0$	钢尺
6	两连接件上、下端对角线线差	${\pm}1.0$	钢尺
7	相邻三连接件 （上下、左右）偏差	${\pm}1.0$	钢尺

五、点支承玻璃幕墙安装

点支承玻璃幕墙，是指现场在主体结构上安装幕墙支承结构、点支承装置和玻璃面板的建筑幕墙。点支承玻璃幕墙常见支承结构体系包括钢桁架、自平衡索（杆）桁架、非自平衡索（杆）桁架、单层平面索网等（图 5-1）。

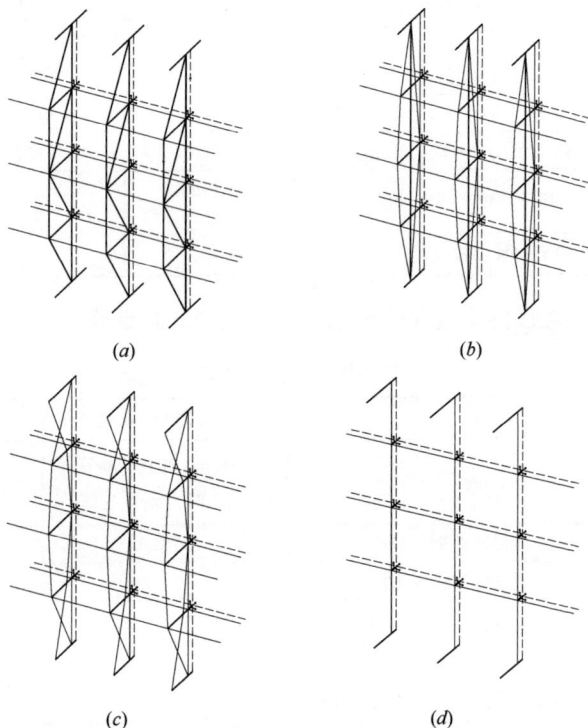

(a)

(b)

(c)

(d)

图 5-1 点支承玻璃幕墙常见结构支承体系
(<i>a</i>) 钢桁架；(<i>b</i>) 自平衡索（杆）桁架；(<i>c</i>) 非自平衡索（杆）
桁架；(<i>d</i>) 单层索网

（一）一 般 规 定

1. 安装要求

（1）安装点支承玻璃幕墙的主体结构，应符合有关结构施工质量验收规范的要求。

（2）进场安装点支承玻璃幕墙的主框构件及零附件的材料、品种、规格、色泽、加工尺寸公差和性能应符合设计要求，不合格的构件不得安装使用。点支承玻璃幕墙工程中使用的材料必须具备相应的出厂合格证、质保书和检验报告。

（3）点支承玻璃幕墙预埋件位置偏差过大或未设预埋件时，应制定补救措施或可靠的连接方案，经业主、监理、建筑设计单位洽商同意后方可实施。

（4）由于主体结构施工偏差过大而妨碍点支承玻璃幕墙施工安装时，应会同业主和土建承包方采取相应措施，并在点支承玻璃幕墙安装前实施。

（5）点支承玻璃幕墙所采用的不锈钢绞线、锚具应符合现行国家、行业标准的相关规定，且受力钢绞线直径不宜小于 12mm：

1)《冷顶锻用不锈钢丝》GB/T 4232—2009；

2)《不锈钢丝》GB/T 4240—2009；

3)《不锈钢丝绳》GB/T 9944—2015；

4)《预应力筋用锚具、夹具和连接器》GB/T 14370—2015；

5)《预应力筋用锚具、夹具和连接器应用技术规程》JGJ 85—2010。

（6）点支承玻璃幕墙的支承装置应符合现行行业标准《建筑玻璃点支承装置》JG/T 138—2010 的规定。

（7）点支承玻璃幕墙所用钢材应符合现行国家标准的规定，并根据建设设计要求和相应产品标准做好表面处理。

（8）点支承玻璃幕墙用不锈钢宜采用奥氏体不锈钢材，其技术要求和性能应符合现行国家标准的规定。

（9）点支承玻璃幕墙支承构件与支承装置如果是不同金属，其接触面应用隔离垫片。

（10）采用浮头式连接件的点式玻璃幕墙玻璃厚度不应小于6mm；采用沉头式连接件的点式玻璃幕墙玻璃厚度不应小于8mm；玻璃肋支承的点支承玻璃幕墙，其玻璃肋应采用钢化夹层玻璃。安装连接件的夹层玻璃和中空玻璃，其单片厚度也应符合上述要求。

（11）点支承玻璃幕墙支承装置与玻璃之间宜设置衬垫、衬套，厚度不宜小于1mm，选用的材料在幕墙设计使用年限内不应失效。

（12）玻璃之间的空隙宽度不应小于10mm，且应采用硅酮建筑密封胶嵌缝。

（13）点支承玻璃支承孔周边应进行可靠的密封。当点支承玻璃为中空玻璃时，其支承孔周边应采取多道密封措施。

2. 隐蔽工程验收项目及部位

（1）预埋件或后置埋件。

（2）玻璃幕墙的支承装置、索杆件与主体结构的连接。

（3）幕墙玻璃与镶嵌槽间的安装构造。

（4）幕墙支承结构等部位。

（二）施工设备、机具与检测仪器

1. 施工设备和机具

吊篮或脚手架、电焊机、等离子切割机、氩弧焊机、手电钻、冲击电钻、螺丝刀、胶枪、割胶刀、电动自攻螺丝钻、射钉枪、手动玻璃吸盘、活动扳手、吊车、卷扬机、电动玻璃吸盘、手动葫芦等。

2. 检测仪器

水准仪、激光经纬仪、激光垂准仪、2m靠尺、卡尺、钢卷尺、钢板尺等。

（三）施工安装流程与工艺

1. 工艺流程

测量放线—钢（支承）结构安装—支承装置安装—玻璃面板安装—幕墙收边收口—清洗幕墙—竣工验收。

2. 施工工艺

（1）测量放线

1）检查点支承玻璃幕墙的预埋件

①逐个找出预埋件，清除埋件表面的覆盖物，并检查预埋件与主体结构结合是否牢固、位置是否正确。

②楼板、梁土的预埋件应重点检测其预埋标高，地锚预埋件应重点检测标高以保证地锚地板面上的地坪装饰层厚度满足要求，补埋件时，应做拉拔试验。

2）按照复测放线后的轴线和标高基准，严格按点支承玻璃幕墙分格大样图用垂准仪和水准仪进行放线测量，设置标高水平基准钢线和垂直基准钢线。

3）检查测量误差。如误差超过图纸规定，应及时向设计人员反映，经设计变更后方可继续施工。

（2）支承结构安装

1）点支承玻璃幕墙的支承钢结构加工要求

①应合理划分拼装单元。

②钢桁架应按计算的相贯线，采用等离子仿形切割加工。

③钢构件拼装单位的节点位置允许偏差为±2.0mm。

④构件长度的正、负偏差为长度的1/2000。

⑤管件连接焊缝应沿全长连续、均匀、饱满、平滑，无气泡和夹渣；支管壁厚小于6mm时，可不切坡口；角焊缝的焊接高度宜大于支管厚壁的2倍。

⑥钢结构的表面处理应符合现行国家、行业标准的相关

规定。

⑦分单元组装的钢结构，宜进行预拼装。

⑧单根型钢或钢管作为支承结构时，端部与主体结构的连接构造应能适应主体结构的位移。

2）索杆体系加工要求

索杆结构体系用拉索一般由调节端、固定端和不锈钢绞线组成（图5-2）。

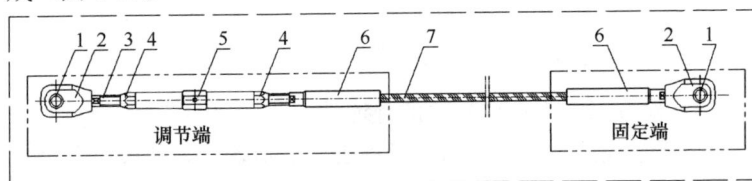

图5-2　单根拉索组成示意

1—索头销钉；2—索头；3—调节螺杆；4—异型螺母；5—调节端；

6—压管接头；7—不锈钢绞线

①拉杆、拉索应进行拉断试验。

②拉索下料前应进行调直预张拉，张拉力可取破断拉力的50%，持续时间可取2h（图5-3）。

图5-3　拉索静载张拉

③截断后的钢索应采用挤压机进行套筒固定或热浇锚固定。

④拉杆与端杆不宜采用焊接连接。

⑤拉索结构应在工作台座上进行拼装，并防止表面损伤（图 5-4）。

图 5-4　索桁架拼装示意
1—索桁架；2—拼装工作台

⑥自平衡结构体系不锈钢拉索（杆）组装宜在现场进行，不锈钢拉索的预张力施加应按自平衡结构体系构造特点自制单独的张拉工装设备，组装及张拉过程中应防止表面损伤（图 5-5）。

3）支承钢结构安装要求

①支承钢结构安装过程中，制孔、组装、焊接和涂装等工序均应符合国家现行标准《钢结构工程施工质量验收规范》GB 50205—2001 的有关规定。

②大型钢结构构件应做吊点设计，并应试吊，同时应提交吊装施工组织设计。

图 5-5　自平衡结构体系组装与张拉
1—自平衡结构；2—张拉工装设备

③钢结构安装就位后应按设计要求及时调整整体的平面度、垂直度和水平度，并及时紧固和进行隐蔽工程验收。

④钢构件在运输、存放和安装过程中损坏的涂层以及未涂装的安装连接部位，应按国家现行标准《钢结构工程施工质量验收规范》GB 50205—2001 的有关规定补涂或涂装。

⑤支承结构采用钢管桁架时应符合下列要求；

点支承玻璃幕墙采用圆钢管结构时，圆管的交贯线应采用等离子仿形切割加工。立柱安装误差不得累积，安装初步定位后自检，并进行调整。立柱安装轴线偏差不应大于 2mm。立柱安装就位、调整后应及时固定。

在节点处主管应连接，支管端部应按相贯线加工成型后直接焊接在主管的外壁上，不得将支管穿入主管壁内。

钢管的连接应尽量对中，避免偏心。主管和支管或两支管轴线的夹角不宜小于 30°，以保证施焊条件与焊接质量。

跨度较大的钢管桁架，应按长细比的要求设置平面外正交的稳定支撑或稳定桁架。

钢管外直径不宜大于外壁厚的 50 倍，支管外直径不宜小于主管外直径的 0.3 倍。钢管厚度不宜小于 4mm，主管壁厚不应小于支管壁厚。

4）支承索杆结构安装要求

支撑结构采用张拉索杆体系时应符合下列要求：

①张拉索体系应在两个正交方向都形成稳定的结构体系。

②张拉索杆体系只有在施加预应力后，才能形成形状不变的受力体系。因此，一般张拉索杆体系除自平衡结构体系外，都会使主体结构承受附加的作用力。与主体机构的连接部位应能适应主体结构的位移，主体结构应能承受拉杆体系、拉索体系的预应力和荷载作用。

③拉杆不宜采用焊接；$\phi30mm$ 及以下拉索可采用冷挤压锚具连接，$\phi30mm$ 以上拉索可采用热浇锚连接，拉索在荷载作用下保持一定的预拉应力储备。

④连接杆、受压杆和拉杆应采用不锈钢材料，拉杆直径不宜小于 10mm；自平衡体系的受压拉杆可采用碳素钢结构。拉索应采用不锈钢绞线、高强度钢绞线，也可采用铝包钢绞线。钢绞线的钢丝直径不宜小于 1.2mm，钢绞线直径不宜小于 8mm。

⑤张拉杆、索体系中，拉杆和拉索预应力的施加应符合下列要求；

钢拉杆和钢拉索安装时，必须按设计要求施加预应力，并宜设置预拉力调节装置；预拉力宜采用测力计测定。预拉力在 2t

126

以下的可采用扭力扳手施加预拉力，并应事先进行标定，预拉力在 2t 以上的宜采用机械方法施加预拉力（图 5-6）。

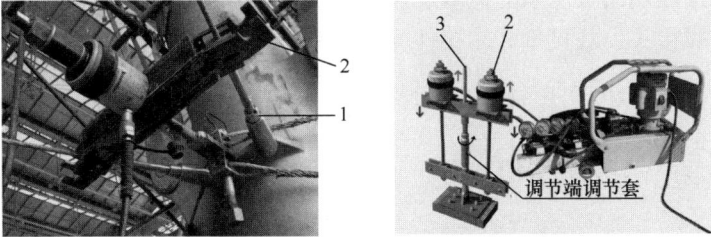

图 5-6　索结构幕墙施工张拉示意
1—索桁架；2—张拉工装设备；3—单索

施加预拉力应以张拉力为控制量；拉杆、拉索的预拉力应分次、分批对称张拉；在张拉过程中，应对拉杆、拉索的预拉力随时调整。

张拉前必须对构件、锚具等进行全面检查，并应签发张拉通知单。张拉通知单应包括张拉日期、张拉分批次数、每次张拉控制力、张拉用机具、测力仪器及使用安全措施和注意事项；应建立张拉记录。

拉杆、拉索实际施加的预拉力值应考虑施工温度的影响。

5）玻璃肋支承结构安装要求

采用玻璃肋支承结构时，应符合下列规定：

①玻璃肋应采用钢化夹层玻璃。

②玻璃肋的截面厚度不应小于 12mm，截面高度不应小于 100mm。

③采用金属件连接的玻璃肋，其连接金属件厚度不应小于 6mm，连接螺栓宜采用不锈钢螺栓，其直径不应小于 8mm（图 5-7）。

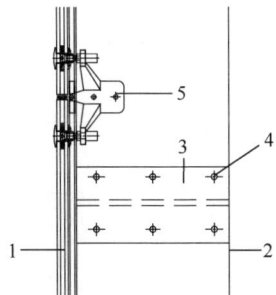

图 5-7　玻璃肋板连接
构造示意
1—玻璃面板；2—玻璃肋；
3—连接钢板；4—连接螺栓；5—肋驳接爪

127

（3）支承装置安装

点支承装置是指以点连接方式直接承托和固定玻璃面板，并传递玻璃面板所承受荷载或作用的组件。驳接式点支承装置一般由驳接头、驳接爪和转接件（固定座）组成（图5-8）。

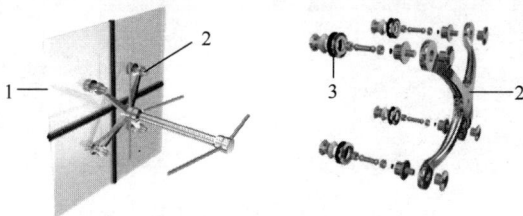

图 5-8　驳接式点支承装置构造示意
1—玻璃面板；2—驳接爪；3—驳接头

1）支承装置要求

支承装置应符合现行行业标准建筑玻璃点支承装置 JG/T 138—2010 的规定：

①点支承玻璃幕墙的支承装置应能适应面板角部的转动变形。当面板尺寸较小、荷载较小、角部转动变形较大时，则应采用带转动球铰的活动点支承装置。

②点支承玻璃幕墙的支承装置只用来支承幕墙玻璃和玻璃承受的风荷载或地震荷载的作用，不应在支承装置上附加其他设备和重物。

③支承头应能适应玻璃面板在支承点处的转动和位移。

④支承头的钢材与玻璃之间宜设置弹性材料的衬垫或衬套，衬垫和衬套的厚度不宜小于 1mm。

⑤除承受玻璃面板所传递的荷载或作用外，支承装置不应兼作其他用途。

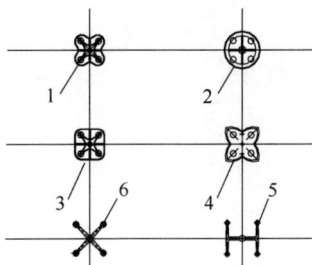

图 5-9　常见支承装置
1—梅花形；2—圆形；3—矩形；
4—莲花形；5—H 形驳接爪；
6—X 形驳接爪

点支承玻璃幕墙常见支承装置如图 5-9 所示，下面主要介绍驳接爪的施工安装方法。

2）驳接爪安装

①按照复测放线后的轴线和层高基准进行支承装置中心的放线测量。

②严格按基准线分中定位，检查测量误差。如误差超过图纸规定，应及时向设计人员反映，经设计变更后方可继续施工。

③在钢结构上预安装驳接爪转接件，应测量和调整驳接爪转接件的整体平面度、垂直度、水平度和坐标位置，达到和满足精度要求。测量和调整结束后，将转接件固定（焊接）在钢结构上（图 5-10）。

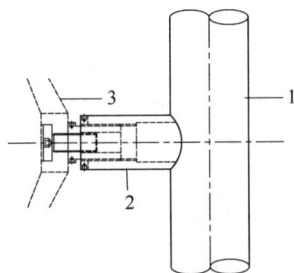

图 5-10　转接件安装
1—钢结构；2—转接件（带调节套筒）；3—驳接爪

④驳接爪安装前，应精确定出其安装位置，驳接爪安装允许偏差应符合设计要求。驳接爪安装应能进行三维调整，较少或消除结构平面变形和温差的影响。驳接爪安装完成后，应对驳接爪的位置进行校验。

建筑玻璃点支承装置 JG/T 138—2010 给出了钢爪式支承装置的技术条件，但点支承玻璃幕墙并不局限于采用钢爪式支承装置，还可以采用夹板式或其他形式的支承装置。

⑤点支承玻璃幕墙爪件安装前，应精准确定出安装位置。驳接爪受力孔向下，并用水平尺校准两横向孔的水平度（两水平孔偏差应小于 0.5mm），安装定位销轴。

⑥点支承玻璃幕墙的横向构件是安装驳接转接件的主要部件，应严格控制水平标高和尺寸。在安装完成一个层高后应进行自检、调整，使其符合安装质量要求。

3）驳接头安装

驳接头是指固定于驳接爪或通过其他转接件固定在支承结构

上，直接夹持或紧固玻璃面板，以提供支承并传递荷载或作用的组件。按固定形式可分为沉头式、浮头式及非穿孔的夹边式三种形式（图 5-11）。

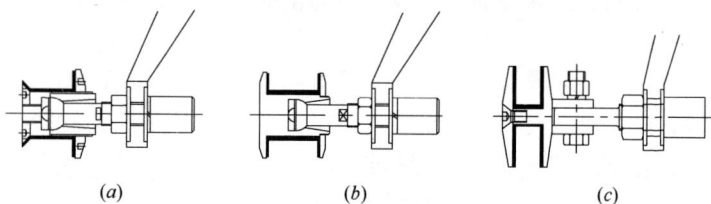

图 5-11　驳接头形式
（a）沉头式；（b）浮头式；（c）夹边式

驳接头在安装之前要对其螺纹松紧度、头与胶垫的配合情况进行检查。先将驳接头的前部安装在玻璃固定孔上并销紧，确保每件驳接头内的衬垫齐全，使金属与玻璃隔离，保证玻璃的受力部分为面接触，并保证锁紧环锁紧密封，锁紧扭矩按设计确定或依据厂家给定数据实施。在玻璃吊装到位后，将驳接头的尾部与驳接爪通过连接螺栓（杆）相互连接并锁紧，同时要注意玻璃内侧与驳接爪的定位距离在厂家给定的范围内。

（4）玻璃面板安装

1）安装准备

①安装前应校核支承结构的垂直度、平整度及点支承装置的平整度、标高是否符合设计要求。对发生超过允许偏差的部位要及时整改，特别留意驳接爪安装孔位的复查，宜采用对角线复查形式。

②安装前应清洁玻璃收口钢槽内的泥土等杂物，底部 U 形槽应装入氯丁橡胶垫块，对应于玻璃支承面板宽度边缘左右各 1/4 处位置。

③依据玻璃重量确定玻璃吸盘的规格及数量，检查卷扬机、电动葫芦等垂直运输设备是否满足要求。

2）玻璃安装

①隐蔽工程验收合格后方可进行玻璃面板安装。

②玻璃安装前应进行检查，并将表面尘土和污染物擦拭干净。采用镀膜玻璃时，应将镀膜面朝向室外。

③按设计位置、玻璃尺寸及编号，自上而下安装玻璃。根据每块玻璃上不同孔的形状，小孔固定玻璃，并通过大孔对玻璃进行上下左右微调，调整到位后，用沉（浮）头连接件与驳接爪进行固定连接。

④点支承玻璃支承孔周边应进行可靠密封。当点支承玻璃为中空玻璃时，其支承孔周边应采取多道密封措施。

⑤现场安装玻璃时，应先将驳接头与玻璃在安装平台上装配好，驳接头与玻璃孔之间应先放置专用尼龙套，且尼龙套内外两面属打耐候密封胶，防止渗漏（图 5-12）。吊运到安装位置后再与驳接爪进行安装。为确保驳接头与玻璃开孔位置的气密性

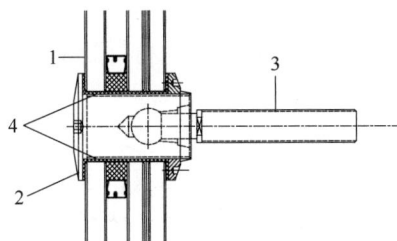

图 5-12　驳接头与玻璃安装示意

1—玻璃面板；2—压盖；3—螺杆（带万向球铰）；4—尼龙套

和水密性，必须使用扭矩扳手，应根据支承结构的具体规格尺寸按厂家产品说明书或设计要求确定扭矩的大小。

⑥使用电动吸盘吊运玻璃面板时，电动吸盘必须定位，左右对称，且应略偏玻璃中心上方，保证吊起的玻璃不偏斜、抖动。吊运时应先试起吊，先将玻璃调离地面 20～30mm，检查各个吸盘是否牢固吸附玻璃。在玻璃适当位置安装手动吸盘、拉缆绳索和侧边保护胶套，吊装过程中用手动吸盘和拉缆绳索协助玻璃就位。

⑦顶部玻璃安装安装时，应先将顶部玻璃入槽，底部玻璃安装安装时，先把氯丁橡胶垫块放入下部 U 形玻璃收口槽内，玻璃底边距玻璃边 1/4 位置各放置一块，然后将玻璃缓慢放入槽

内。玻璃安装调整完毕后，玻璃与 U 形槽间的空隙应填充泡沫棒，防止玻璃在槽内摆动造成玻璃破损，最后打注硅酮耐候密封胶。中间部位的玻璃，先在玻璃上安装驳接头，玻璃定位后，再把驳接头与驳接爪进行安装。

⑧玻璃面板安装就位后初步固定，根据驳接爪上不同孔位，长圆孔固定玻璃，并通过大圆孔对玻璃进行上下、左右微调，调整到位后，将驳接头与驳接爪进行固定连接。

⑨安装面板时应调整好面板的平整度、垂直度、水平度、标高位置及面板上下、左右、前后的缝隙大小等。安装后，先紧固上端的连接螺杆，后紧固下端的紧固螺杆。

⑩玻璃全部调整好后，应进行整体玻璃面板平整度的检查，满足规范要求后才能进行打胶密封。

3）注胶

注胶工艺如下：

①清洁胶缝：采用双布净化法，将丙酮或二甲苯溶剂倒在一块干净小布上，单向擦拭玻璃胶缝。并在溶剂未挥发前，再用另一块干净小布将溶剂擦拭干净。用过的棉布不能重复使用，应及时更换。

②在接缝间隙两边贴保护胶纸（美纹纸）。点支式玻璃幕墙胶缝的直线度与保护胶纸粘贴的直线度是一致的，贴胶纸时应注意纸与胶缝边平行，不得越过缝隙，所以必须严格保证胶纸的粘贴工艺。

③胶缝注胶：注胶时，先根据胶缝大小把玻璃胶筒出口切开相应斜口，打胶要保持注胶均匀。应在玻璃两边同时自上至下进行注胶，保持胶体的连续性，防止气泡和夹砂。一旦发现气泡应挖掉重注。

④刮平。刮胶时应在玻璃两边同时自下至上进行刮胶，为了增加胶缝弹性，胶缝表面宜成凹面弧形，凹面深度应小于 1mm。

⑤表面清理。注胶结束后，应及时撕去保护胶纸，将废保护

胶纸放入容器内,不得随地乱丢。被污染的玻璃表面,应用刮刀清理。

(5)幕墙收边收口

点支承玻璃幕墙在室外地面、洞口或楼顶面收边时,应采用U形地槽。地槽内按设计要求将橡胶垫块放置在分格的1/4处。当幕墙玻璃就位并调整其位置至符合要求后,在地槽两侧嵌入泡沫棒并注密封胶,在室外一侧宜安装不锈钢披水板。直接插入混凝土地沟时,玻璃下部应悬空,两侧嵌入泡沫棒或用聚氨酯现场发泡填充间隙并注密封胶。玻璃不得与任何结构直接接触。

(6)清洗幕墙

点支承玻璃幕墙施工中,表面如有不洁粘附物时应及时清除。工程安装完成后,用中性清洁剂清洗点支承玻璃幕墙表面,然后用清水将幕墙表面清洗干净。

(7)竣工验收

1)施工单位应按相关行业标准规定向监理提供点支承玻璃幕墙应检查的所有文件和记录。

2)施工单位按商定的检验对点支承玻璃幕墙进行自检,并做好自检记录。

3)监理按商定的检验对点支承玻璃幕墙进行初检,提出整改意见。

4)施工单位应按监理的整改意见逐条进行整改,重要的整改条款应提出整改报告。

5)监理对点支承玻璃幕墙进行验收,并签证验收意见。

(四)质量标准

(1)点支承玻璃幕墙支承结构安装的允许偏差应符合表5-1的规定。

(2)点支承玻璃幕墙支承装置的安装偏差应符合表5-2的规定。

支承机构安装质量允许偏差 表 5-1

序号	项　目	允许偏差（mm）
1	相邻两竖向构件间距	±2.5
2	竖向构件垂直度	$L/1000$ 或 $L \leqslant 5$，L 为跨度
3	相邻三竖向构件外表面平面度	$\leqslant 5$
4	相邻两爪座水平间距和竖向距离	±1.5
5	相邻两爪座水平高低差	1.5
6	爪座水平度	2
7	同层高度内爪座垂直间距不大于 35m	5
	同层高度内爪座垂直间距大于 35m	7
8	相邻两爪座垂直间距	±2.0
9	单个分格爪座对角线差	4
10	爪座端面平面度	6.0

支承装置安装要求 表 5-2

名　称		允许偏差（mm）	检测方法
相邻两爪座水平间距		±2.5	激光仪或经纬仪
相邻两爪座垂直间距		±2.0	激光仪或经纬仪
相邻两爪座水平高低差		2	卡尺
爪座水平度		1/100	激光仪或经纬仪
同一标高内爪座高低差	间距不大于 35m	$\leqslant 5$	激光仪或经纬仪
	间距大于 35m	$\leqslant 7$	
单个分格爪座对角线差（与设计尺寸相比）		$\leqslant 4$	钢卷尺
爪座端面平面度（平面幕墙）		$\leqslant 6.0$	激光仪或经纬仪

（3）点支承玻璃幕墙安装质量应符合下列规定：

1）幕墙玻璃与主体结构连接处应嵌入安装槽口内，玻璃与槽口的配合尺寸应符合设计和规范要求，其嵌入深度不应小于 18mm。

2）玻璃与槽口间的空隙应有支承垫块和定位垫块。其材质、规格、数量和位置应符合设计和规范要求。不得使用硬性材料填充固定。

3）点支承玻璃幕墙应使用安全玻璃，不得使用普通浮法玻璃。玻璃开孔的孔边与板边的距离应符合设计要求，并不宜小于70mm。

4）点支承玻璃幕墙支承装置的标高偏差不应大于3mm，其中心线的水平偏差不应大于3mm。相邻两支承装置中心线间距离偏差不应大于2mm，支承装置与玻璃连接件结合面的水平偏差应在调节范围内，并不应大于10mm。

（4）点支承玻璃幕墙组装质量应符合表5-3的规定。

点支承幕墙安装允许偏差

表5-3

项　　目		允许偏差	检查方法
幕墙平面垂直度 （幕墙高度 H）	$H≤30m$	≤10mm	经纬仪或激光仪
	$30m<H≤60m$	≤15mm	
	$60m<H≤90m$	≤20mm	
	$90m<H≤150m$	≤25mm	
	$H>150m$	≤30mm	
幕墙的平面度		≤2.5mm	2m靠尺、钢板尺
竖缝的直线度		≤2.5mm	2m靠尺、钢板尺
横缝的直线度		≤2.5mm	2m靠尺、钢板尺
胶缝宽度（与设计值比较）		±2mm	卡尺
两相邻面板之间的高低差		≤1.0mm	深度尺
全玻璃幕墙玻璃面板与肋板夹角与设计值偏差		≤1°	量角器

（5）质量控制要点

1）对钢材原材料按国家标准进行验收，进行强度复查，并逐根进行外观检查并记录。

2）检查钢结构的垂直度、标高和水平度。

3）钢结构安装完成后，检查钢结构的整体平面度。

4）拉杆和拉索的预应力应符合设计要求。

5）对玻璃的材料按国家标准进行验收，检查并记录。

6）对玻璃的加工质量（尺寸、磨边、安装孔的位置偏差、精度及研磨的等）进行检查。

7）对玻璃平整度及表面缺陷（缺棱、掉角、划痕等）进行检查并记录。

8）玻璃幕墙大面应平整，胶缝应横平竖直、缝宽均匀、表面平滑。钢结构焊缝应平滑，防腐涂层应均匀、无破损。不锈钢件的光泽度应与设计相符，且无锈斑。

9）对玻璃接缝宽度、垂直度、高度差等偏差进行检测并记录。

10）检查玻璃固定件的紧固程度。

11）检查胶缝外观质量并记录。

六、石材幕墙安装

石材幕墙是指面板材料为天然建筑石材的建筑幕墙。幕墙用石材宜选用花岗石，可选用大理石、石灰石、石英砂岩等，但应采取附加构造措施保证面板的可靠性。就干挂形式来说，钢销式、蝴蝶片式已经禁止在石材幕墙中使用，T 形挂件式由于不便于各板块独立安装和拆卸，抗震性能差且不便于维修，也不宜在石材幕墙中使用，在北京、上海、浙江等省市，已经被作为淘汰和落后的技术禁止使用。

本章主要介绍背栓式、SE 挂件式干挂石材幕墙的安装。

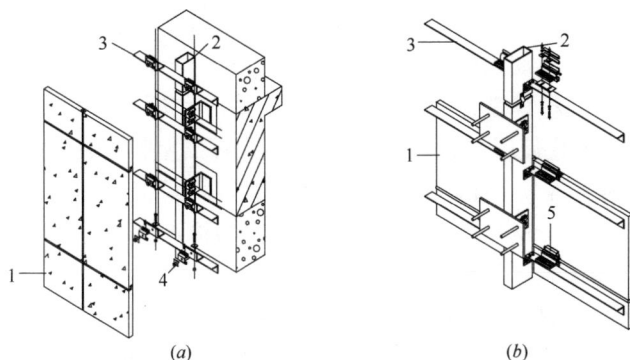

图 6-1　背栓式、SE 挂件式石材构造示意
（a）背栓式；（b）SE 挂件式
1—石材面板；2—钢立柱；3—钢横梁；4—背栓；5—SE 挂件

（一）一 般 规 定

1. 安装要求

（1）开敞式石材幕墙的钢构件宜采用高耐候结构钢等耐气候

性材料。金属材料和零配件除不锈钢外，钢材应进行表面热镀锌处理。

（2）石材幕墙用不锈钢连接板、挂件等非标准件应符合设计要求，标准件应符合现行国家标准的规定。

（3）石材幕墙的构件及零附件的材料、品种、规格、色泽、加工尺寸公差和性能应符合设计要求及国家现行产品标准的规定，同时应有出厂合格证、质保书和检验报告，不合格的构件不得安装使用。

（4）预埋件位置偏差过大或未设预埋件时，应制定补救措施或可靠连接方案，经业主、监理、建筑设计单位洽商同意后方可实施。

（5）施工前应按设计要求，检查石材幕墙安装部位的墙体及梁、柱尺寸情况，若梁、柱尺寸与设计要求不符合时，应及时向土建单位反映，由其及时予以纠正。

（6）石材幕墙用耐候密封胶应为对石材无污染的密封胶。密封胶应在保质期内使用，并有合格证、出厂年限、批号。

（7）石材幕墙用金属挂件与石材间粘结固定材料宜选用环氧型胶粘剂，不应使用不饱和聚酯类胶粘剂，环氧型胶粘剂材料应符合现行行业标准《干挂石材幕墙用环氧胶粘剂》JC 887—2001 的规定。

（8）施工机具在使用前，应进行严格检查。电动工具应进行绝缘电压试验。

（9）石材装饰线条应采用金属连接件与石材面板连接，并应满足承载力要求。石材面板上的凹槽装饰线条的深度不宜大于5mm，并应考虑其对石材面板承载力的不利影响。

（10）当高层建筑的石材幕墙安装与主体结构施工交叉作业时，在主体结构的施工层下方应设置防护网；在距离地面3m高度处，应设置挑出宽度不小于6m的水平防护网。

（11）短槽、通槽连接的石材面板，槽口内应采取调整、定位措施；槽内灌注环氧胶粘剂时，其性能应符合现行行业标准《干挂石材幕墙用环氧胶粘剂》JC 887—2001 的要求。

（12）短槽、通槽连接的石材面板，宜采用只连接一块石板的 L 形挂件，单元式幕墙也可采用 T 形挂件。不锈钢挂件的厚度不宜小于 3mm，可采用牌号 12Cr18Ni9 或 06Cr19Ni10（304）的不锈钢；铝挂件厚度不宜小于 4mm。在石材自重作用下，挂件挠度不宜大于 1.0mm，并应采取措施防止上层石板的自重通过挂件向下层石板传递。

（13）隐框式石材幕墙的金属框，可采用钢方管或铝合金型材，铝合金强度设计值应符合铝合金牌号的现行国家标准的有关规定，其上、下边框应带有挂钩，挂钩厚度不宜小于 2.5mm。

（14）质地软弱和有孔洞的石材面板，宜采取背面增强措施，提高其安全性。

（15）现场的型材、石材板块、附件等宜在室内分类存放。

2. 隐蔽工程验收项目及部位

（1）预埋件或后置埋件。

（2）幕墙构件与主体结构的连接、构件连接节点。

（3）幕墙四周的封堵、幕墙与主体结构间的封堵。

（4）幕墙变形缝及转角构造节点。

（5）幕墙防雷连接构造节点。

（6）幕墙防水、保温隔热构造。

（7）幕墙防火构造节点。

（二）施工设备、机具与检测仪器

1. 施工设备和机具

吊篮或脚手架、电焊机、手电钻、冲击电钻、螺丝刀、胶枪、小型切割机、割胶刀、电动自攻螺钉钻、射钉枪、铝型材切割机、活动扳手、吊车、卷扬机、手动葫芦等。

2. 检测仪器

经纬仪、水准仪、激光垂准仪、2m 靠尺、卡尺、深度尺、钢卷尺、塞尺等。

（三）施工安装流程与工艺

1. 工艺流程

测量放线—预埋件定位—龙骨准备及转接件安装—立柱和横向主梁安装—横梁安装—主要附件安装—层间保温防火材料安装—石材面板安装—幕墙伸缩缝、沉降缝、防震缝和封口节点安装—填缝、注石材专用密封胶（开敞式无此步骤）—石材幕墙收边收口—清洗幕墙—竣工验收。

2. 施工工艺

（1）测量放线

1）石材幕墙金属框的分格与面板的分格可以一致（SE挂件式），也可以不一致（背栓式），测量放线时，应按照复测放线后的轴线和标高基准，严格按石材幕墙金属框分格图用垂准仪和水平仪进行梁、柱和墙体分格线的测量放线。在测量竖向垂直角度时，每隔4条或5条轴线选取一条竖向控制轴线，各层均由初始控制线向上投测，形成每根立柱的分格垂直线（图6-2）。

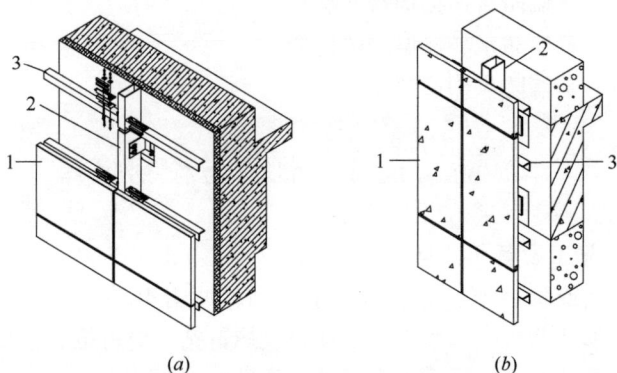

（a）   （b）

图 6-2　石材幕墙龙骨分格与面板分格示意

（a）SE挂件式；（b）背栓式

1—石材面板；2—钢立柱；3—钢横梁

2）在每一层将室内标高线移至外墙施工面，并进行检查；在石材挂板放线前，应首先对建筑物外形尺寸进行偏差测量，根据测量结果，确定石材面板的基准面。

3）分格线放完后，应检查预埋件的位置是否与设计相符，否则应进行预埋件调整或预埋件补救处理。

4）石材幕墙包梁时，应根据标高水平基准线设置横向主梁水平基准钢线。石材幕墙包柱时，应根据轴线基准线设置立柱垂直基准钢线。墙体上的石材幕墙应根据标高水平基准线和立柱分格垂直线设置标高水平基准钢线和立柱垂直基准钢线。

5）检查测量误差。如误差超过图纸规定，应及时向设计人员反映，经设计变更后方可继续施工。

6）石材幕墙分格轴线的测量应与主体结构测量相配合，如果背栓式石材幕墙竖向龙骨和水平横梁的分格与面板的分格不一致时，其面板的分格线应在金属框安装后重新测量放线，其偏差应及时调整，不得累积。应定期对石材幕墙的安装定位基准进行校核。

7）对高层建筑的测量应在风力不大于 4 级时进行。

（2）预埋件定位

1）安装预埋件

按照土建施工进度，依据幕墙的分格尺寸用经纬仪或其他测量仪器进行分格定位，检查定位无误后，从下向上逐层安装预埋件。安装埋件时要采取措施防止浇筑混凝土时预埋件位移，控制好预埋件表面的水平或垂直度，严禁歪、斜、倾等。

2）检查预埋件

根据复测放线和变更设计后的石材幕墙施工设计图纸逐个找出预埋件，清除预埋件表面的覆盖物和预埋件内的填充物，并检查预埋件与主体结构结合是否牢固、位置是否正确。

3）纠偏处理

如预埋件偏差过大，应对预埋件进行纠偏处理。预埋件偏差超过 300mm 或由于其他原因无法现场处理时，应经建筑设计单位、业主、监理等有关方面共同协商，提出技术处理方案，经签证后按方案施工。

（3）龙骨准备及转接件安装

1）龙骨准备

①采用钢方管或铝型材的立柱和包梁的横向主梁的所有孔位应在车间加工，立柱和横向主梁安装前，应检查安装孔位是否符合施工设计图纸的尺寸。除图纸规定的现场配钻孔外，如孔位不对，应退回加工车间重新加工。

②以立柱和包梁横向主梁的支承点螺栓安装孔中心线为基准，在立柱外平面上划出标高水平基准线；在横向主梁外平面上划出定位基准线。将立柱和横向主梁截面分中，在外平面上划出中心线。

2）转接件安装

①将转接件（角码）和芯套安装在立柱或包梁的横向主梁上，检查转接件是否成 90°，如果误差太大，应立即更换。如果立柱或横向主梁外伸长度较大，允许在两侧用螺栓或沉头螺钉将芯套固定，但螺栓的数量不得少于 2 个，每侧沉头螺钉数量不得少于 3 个，伸缩缝不能设在暴露位置。

②将连接件预就位时，应将连接件的水平方向和垂直方向的中心十字交叉线对准上一道工序在预埋件位置弹出的十字交叉线。如原预埋件有偏斜时，应将连接件在水平垂直方向用垫铁垫平，并将垫铁焊接牢固。

③整个面的连接件预就位后，拉水平线，吊垂直线检查，连接件的水平、垂直方向的位置正确无误后进行焊接加固。

④焊接加固连接件后应去焊渣，检查焊缝质量，符合设计要求和规范规定后，对焊缝进行防腐处理。

⑤采用槽式埋件的，连接件的水平和垂直方向的中心十字交叉线应对准测量放线时在预埋件位置弹出的十字交叉线。如有偏差，应通过螺栓套件上的钢垫片和连接件上长圆孔调整进出和上下位置（图 6-3）。

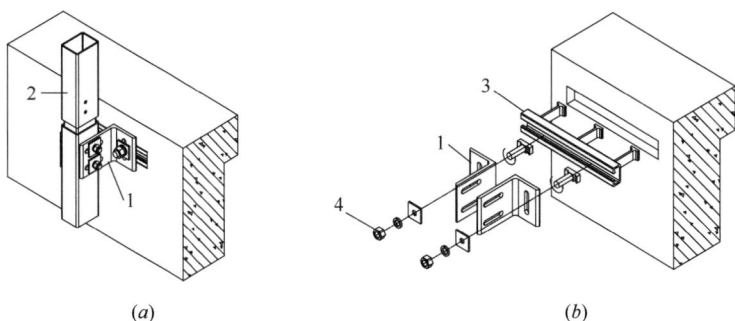

图 6-3　石材幕墙转接件安装示意

（a）转接件与槽式埋件连接；（b）转接件与槽式埋件偏差调整

1—转接件；2—立柱；3—槽式埋件；4—螺栓套件

3）立柱和包梁的横向主梁截面的主要受力部分的厚度，应符合下列规定：

①铝合金型材截面开口处的厚度不应小于 3mm，闭口部位的厚度不应小于 2.5mm；孔壁与螺钉之间直接采用螺纹受力连接时，其局部厚度不应小于螺钉的公称直径。

②热轧钢型材截面有效受力部位的厚度不应小于 3.0mm；冷成形薄壁钢方管截面有效受力部位的厚度，不宜小于 2.5mm，不应小于 2.0mm。

③偏心受压的立柱或横向主梁和偏心受拉立柱或横向主梁的受压板件，其板件有效截面的宽厚比应符合相关行业标准的规定。

4）上下立柱或包梁的左右横向主梁之间应有不小于 15mm 的间隙，闭口截面立柱或横向主梁应采用芯套连接。芯套长度不应小于 250mm。芯套与立柱或横向主梁应紧密接触。芯套的一端与立柱或横向主梁之间应采用不锈钢螺栓固定（图 6-4）。

5）立柱与墙体的连接可每层设一个支承点，也可按设计需要加密。

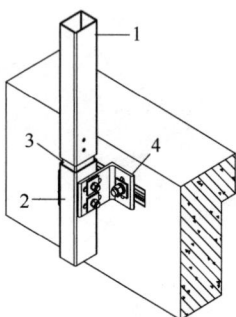

图 6-4　干挂石材幕墙上、
下立柱连接构造示意

1—上立柱；2—下立柱；

3—芯套；4—转接件

（4）立柱和横向主梁安装

1）安装第一层墙体立柱

①石材幕墙第一层墙体基准立柱的安装：基准立柱是墙体两侧的第一根立柱。立柱安装应自下而上进行，石材幕墙第一层墙体基准立柱的下方为地面或楼板面。将第一层基准立柱安放在地面或楼板面上，上部以立柱外平面上划出的标高水平基准线和立柱中心线定位，下部用垫块调整。当立柱外平面上的标高水平基准线和立柱中心线与放线后的立柱垂直分格钢线和水平标高钢线重合时，立即将立柱的转接件（角码）点焊到埋板上；如有误差，可用转接件（角码）在三维方向上调整立柱位置，直至重合（图 6-5）。

②石材幕墙第一层墙体中间立柱的安装：由于一处墙体的竖向分格较多，为减少累积误差，应采用分中定位安装工艺：如果分格为偶数，应先安装中间一根立柱，然后向两侧延伸；如果分格为奇数，应先安装中间一个分格的两根立柱，然后向两侧延伸。安装工艺与第一层基准立柱相同（图 6-6）。

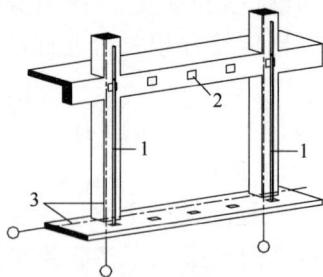

图 6-5　首层基准立柱安装

1—基准立柱；2—预埋件；

3—控制轴线

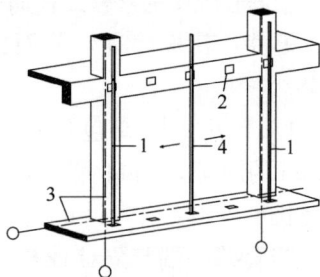

图 6-6　中间立柱安装

1—基准立柱；2—预埋件；

3—控制轴线；4—中间立柱

③第一层墙体立柱的调整：在一层墙体立柱安装完毕后，应统一调整立柱的相对位置。立柱安装标高偏差不应大于 2mm，轴线前后偏差不应大于 2mm，轴线左右偏差不应大于 2mm。

④墙体立柱安装就位、立柱调整后应及时紧固，并拆除用于立柱安装就位的临时设置。

⑤首层立柱安装后，应拉钢丝线检查各同层立柱吊点是否在同一标高上，用钢尺拉通检查或用膜尺检查相邻立柱的间距是否正确，用经纬仪或吊锤检查立柱的前后左右垂直度。待基本安装完成后，在下道工序进行前再进行全面调整。

2）安装各层墙体立柱

①墙体基准立柱的安装：将各层墙体基准立柱插入下一层墙体基准立柱的芯套上，在伸缩缝处加一块宽 15mm 的填片，复测下立柱的标高水平基准线与上立柱的标高水平基准线，保证立柱上下间伸缩缝间隙符合设计要求并不小于 15mm，偏差不大于 2mm。当立柱上部外平面上的标高水平基准线和立柱中心线与放线后的立柱垂直分格钢线和水平标高钢线重合时，立即将立柱的转接件（角码）点焊到埋板上（图 6-7）。

②墙体中间立柱的安装：将各层墙体中间立柱按分中定位工艺插入下一层墙体中间立柱的芯套上，在伸缩缝处加一块宽 15mm 的填片，保证立柱上下间伸缩缝间隙符合设计要求并不小于 15mm，偏差不大于 2mm。其他安装工艺与第一层墙体中间立柱相同。

③立柱的调整：在一层墙体立柱安装完毕后，应统一调整立柱的相对位置。

④立柱安装就位、调整后应及

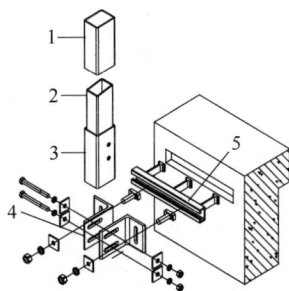

图 6-7　立柱连接件连接
三维示意

1—上立柱；2—下立柱；3—芯套；
4—转接件；5—槽式预埋件

时紧固，并拆除用于立柱安装就位的临时设置。然后密封立柱伸缩缝。

⑤包梁的横向主梁的安装：横向主梁的起点和终点为轴线的中心立柱，横向主梁的中心线为复测放线后的梁中水平基准线。安装工艺与基准立柱相同。支承点的数量应符合施工设计图纸的要求。

（5）横梁安装

石材幕墙钢横梁与立柱连接构造关系如图 6-8 所示。

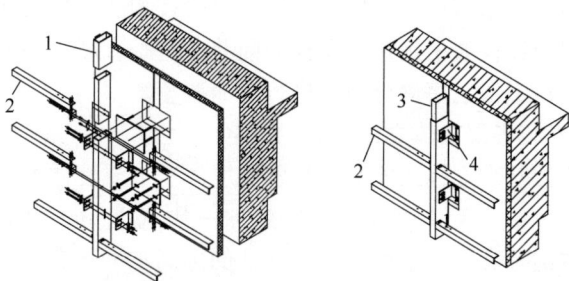

图 6-8　钢横梁与立柱连接构造示意
1—立柱；2—横梁；3—芯套；4—转接件

1）测量放线。以该层标高线为基准，按图纸分格计算石材幕墙拼缝中心线至横梁上平面的距离，拉出水平定位线。

2）安装连接件。石材幕墙横梁一般设置在立柱外侧，采用钢结构构件时，将连接件的一端按水平定位线在横梁背面用不锈钢螺栓与横梁固定，另一端用焊接方式或螺栓方式与钢立柱固定。横梁两端与连接件的螺钉孔，一端为圆孔，另一端为椭圆孔。横梁应安装牢固（图 6-9）。

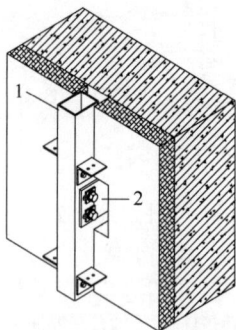

图 6-9　横梁连接件安装
1—立柱；2—转接件

3）当安装完一层横梁时，应进行检查、调整、校正，使其符合质量要求，并及时固定（图 6-10）。

4）同一根横梁两端或相邻两根横梁的水平标高偏差不应大于 1mm。同层标高差：当一幅幕墙宽度不大于 35m 时，不应大于 4mm；当一幅幕墙宽度大于 35m 时，不应大于 6mm。

（6）主要附件安装

1）焊接连接钢件

①幕墙框架安装检查合格后，应检查所有固定螺栓是否全部拧紧。然后按图纸和焊接工艺将所有连接钢件的转接件、连接件与垫片、螺栓与螺母焊接，并涂防锈漆。焊接应牢固可靠、焊缝密实，不得有漏焊、虚焊，焊缝高度应符合设计要

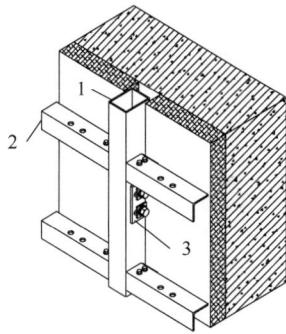

图 6-10 横梁安装
1—立柱；2—横梁；3—转接件

求。现场焊接处表面应先去焊渣（疤），再刷涂两道防锈漆和一道面漆。在焊接中转接件等已损坏的防锈层，应按上述规定重新补涂。

②对每个连接钢件进行隐蔽工程验收，并做好记录。

2）按设计要求安装防雷装置：防雷装置应通过转接件与主体结构的防雷系统可靠连接。

3）按设计要求安装防火层、防火材料应用锚钉固定牢固。防火层应平整、连续，形成一个不间断的隔层，拼接处不留缝隙。对每个防火节点应进行隐蔽工程验收，并做好记录。

4）开敞式石材幕墙在安装面板前应按设计要求做好防水层，并做好隐蔽工程验收记录。

5）安装石材挂件

①SE 挂件安装

按照施工图确定 SE 挂件在横梁上的安装位置，在横梁上开孔，先垫橡胶垫片，然后将 SE 铝合金挂件用不锈钢螺栓紧固在钢横梁上。铝合金挂件安装好后，将橡胶垫套在铝合金挂件上（图 6-11）。

②背栓挂件安装

按照石材分格及石材开孔位置在钢横梁上确定开孔位置，然

后将角钢挑件用螺栓紧固在钢横梁上。检查角钢挑件的水平度和进出位置，满足设计要求后焊接固定（图6-12）。

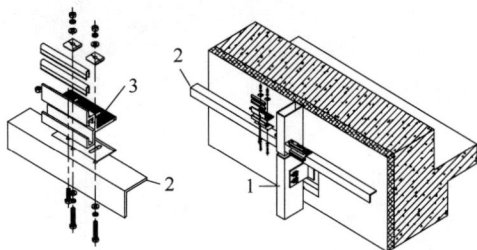

图 6-11　SE挂件安装　　　　　图 6-12　背栓挂件安装

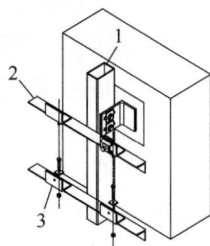

1—立柱；2—横梁；3—铝合金挂件

（7）石材面板安装

1）各项隐蔽工程验收合格后方可进行面板安装。

2）检查石材面板。石材面板表面应干净无污物、无损坏，规格、尺寸符合设计要求。并有检验合格证，火烧板的厚度应比磨光石材面板厚3mm。

3）安装石材面板之前应先进行定位划线，确定石材面板在幕墙平面上的水平、垂直位置，应在石材幕墙支承龙骨框格外设控制点，拉控制线控制安装的平面度和板块位置。为了使石材面板按规定位置就位安装，对个别超出偏差较少的孔、榫、槽可适当扩孔、改榫；当误差较大时，应对支承龙骨进行调整或重新制作安装。

4）根据工程进度、不同幕墙类型施工交接位置等确定石材面板安装顺序。

5）石材面板安装按设计位置石材编号进行，板块接缝宽度、水平及垂直和板块平整度应符合规定要求，石材板块经自检、互检和专检合格后，方可安装。为了避免色差过大，石材板块的加工图编号一般从左或右下角部开始，自下而上进行，加工次序按加工图编号进行；石材板块加工好后或运到现场安装前，应进行排板比对，挑出并更换色差较大的石材板块。

6）转角石材宜采用不锈钢支撑件或铝型材专用件组装；当采用不锈钢支撑件组装时，其厚度不应小于 3mm；当采用铝合金专用件组装时，其厚度不应小于 4.5mm，连接部位的壁厚不应小于 5mm。

7）石材面板调整时，用水平钢线、垂直钢线和角尺在三维空间调整石材面板，要求四周接缝均匀，上下、左右石材面板处在一个平面内，角尺上下、左右推移时没有明显阻碍。调整结束后注专用石材密封胶。

8）石材面板安装工艺

①石材幕墙面板的分格与立柱或横梁不同时，应重新进行放线测量，并设置分格钢线。

②复查石材表面质量是否符合设计要求。

③根据工程进度和作业面确定石材面板的安装顺序。

④面板应与横梁或立柱可靠连接。连接件与面板、横梁或立柱之间应采取限位措施；托板(挂件)挂钩与石材之间宜设置弹性垫片。

⑤槽式（SE 挂件）面板安装：用卡尺检验石材面板是否平整，复查槽口的加工尺寸是否符合设计要求，然后安装托板（SE 挂件）。S 形挂件应紧托上层石材面板，其与下层面板之间应留有空隙，尺寸应符合设计要求，然后安装石材面板上部的 E 形挂件，均挂接在铝合金挂件上（图 6-13）。

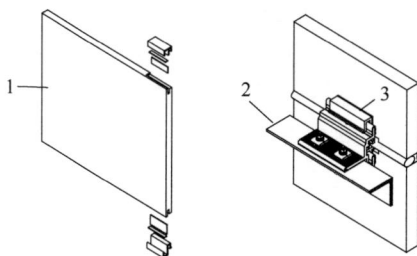

图 6-13　S 形及 E 形挂件安装
1—石材面板；2—横梁；3—SE 挂件

⑥背栓式面板安装：用专用设备（带钻石镶面、水冷却的钻头）在石材背面钻圆柱状孔，钻孔直径及深度按厂商提供的参数执行，位置、数量应符合设计要求，孔中心线到板边的最小距离为50mm，然后安装锚栓。锚栓分齐平式锚栓和间距式锚栓两种。使用齐平式锚栓时，首先将锚栓放入已钻好的孔中，然后推进套管固定安装锚栓；使用间距式锚栓时，首先将锚栓放入已钻好的孔中，然后拧紧螺帽固定安装锚栓（图6-14）。

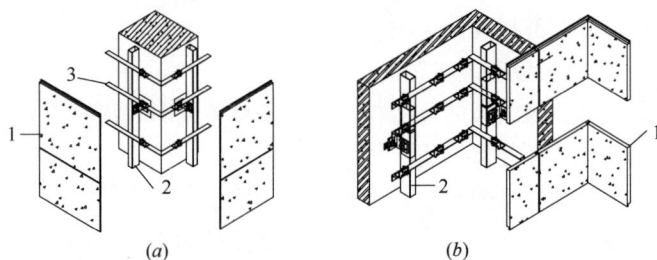

图6-14　背栓式干挂石材安装
(a) 阳角；(b) 阴角
1—石材面板；2—立柱；3—横梁

⑦固定石材面板：石材板块调整完成后，马上要进行固定，注意安放每层金属挂件的标高，金属挂件应紧托石材面板。

⑧事后检查：每次石材面板安装时，从安装过程到安装完后，全过程进行质量控制，验收也穿插于全过程中，验收的内容有：石材面板自身是否存在质量问题、胶缝大小是否符合设计要求、石材板块是否存在色差等。

（8）幕墙伸缩缝、沉降缝、防震缝和封口节点安装

1）安装幕墙伸缩缝、沉降缝、防震缝结构。

2）安装幕墙四周与主体结构之间的上、下、左、右封口和墙面转角封口。

（9）注密封胶

填缝密封工序可在板块组件安装完毕或完成一定单元并检验合格后进行。

注胶工艺如下：

1）清洁胶缝。石材安装验收完毕准备注胶，施工时应对相关区域进行清洁，保证缝内无水、油渍、铁锈、砂浆、灰尘等。采用双布净化法，擦拭石材板缝，用过的棉布不能重复使用，应及时更换。非油性污染物，通常采用异丙醇与水各 50％的混合溶剂；油性污染物，通常采用二甲苯溶剂来清洁。

2）在接缝间隙填充泡沫条，应用限位器控制填充深度，泡沫条填缝位置深浅应一致，保证胶缝厚度为 5～6mm；泡沫条宜用矩形截面，宽度尺寸应比胶缝宽 1mm；泡沫条不能受潮，应干燥，无针孔。

3）在接缝间隙两边贴保护胶纸（美纹纸）。严格遵循保护胶纸的粘贴工艺。

4）胶缝注胶。注胶时，应保持胶体的连续性，防止气泡和夹渣。一旦发现气泡应挖掉重注。

5）刮平。为了增加胶缝弹性，胶缝表面宜成凹面弧形，凹面深度应小于 1mm。

6）表面清理。注胶结束后，应及时撕去保护胶纸，将废保护胶纸放入容器内，不得随地乱丢。被污染的石材表面，应用刮刀清理。

（10）石材幕墙收边收口

1）女儿墙收边

石材幕墙延伸到女儿墙时，女儿墙应用石材收边。女儿墙顶面应按施工设计图要求，向内侧倾斜，如施工设计图未提出要求，则应向内侧倾斜 5°。盖板内侧应留滴水线。内侧立板下口应比女儿墙压顶梁低 100～150mm，然后挂下部水平板至女儿墙压顶梁侧面。在石板和女儿墙压顶梁侧面之间加注密封胶。如果女儿墙有很长的斜面，则收边板上平面的外侧应设置 50mm 高的挡水凸台，并在斜面根部附近设置两道挡水板，将斜面上的雨水导向女儿墙内侧，防止因雨水溢至外幕墙产生污染。

2）室外地面或楼顶面收边

地面和楼顶面均进行防水处理，石材幕墙宜收边至地面或楼顶面上部 250～300mm 处。可采用槽口插入式或外翻边式进行固定。地面或楼顶面做防水时，应将防水层做到石材面板的下平面，确保防水质量。

3）梁、柱收边

当石材幕墙在梁、柱与其他幕墙交圈时，应按石材幕墙施工设计图纸进行收边，如与主体建筑之间存在很大缝隙，宜采用金属板补充进行收边。由于密封胶与主体建筑的梁、柱不相容，为了防止雨水渗漏，应在幕墙收边处的梁、柱与主体建筑之间的缝隙加注聚氨酯发泡剂密封。

4）相关分部分项工程的收口

避雷系统安装、航标灯安装、亮化照明安装和其他工程安装都应在石材幕墙上开口。为防止雨水渗漏，相关分部分项工程应尽量在拼缝处引出连接板，如果必须开洞，应在石材幕墙面板上开圆孔。除了在开口处注密封胶外，还应在伸出石材幕墙的安装杆上加装高 20mm 的套管，并在套管与石材幕墙接触处和套管内加注密封胶。

（11）清洗幕墙

幕墙施工中，石材面板应做好成品保护工作，防止油性物质污染石材表面，及时清除会造成腐蚀的粘附物。工程安装完成后，用中性清洁剂清洗石材幕墙表面，然后用清水及时清洗干净。

（12）竣工验收

1）施工单位应按国家及行业标准的规定向监理、建设单位提供石材幕墙应检查的所有文件和记录。

2）石材幕墙安装完毕后，施工单位按商定的检验批对石材幕墙进行自检，并做好自检记录。

3）监理按规定的检验批会对石材幕墙进行初检，若提出整改意见，应按监理的整改意见逐条进行整改，重要的整改条款应提出整改报告。

4）配合监理、建设单位等对石材幕墙进行验收，并签证验收意见。

（四）质 量 标 准

1. 组件组装质量要求

（1）石材幕墙主梁、横梁安装质量应符合相关国家及行业的相关规定。

（2）石材幕墙板块安装质量应符合表 6-1 的规定。

石材幕墙安装允许偏差（mm）　　表 6-1

序号	项　　　目	通槽长勾	通槽短勾	短槽	背卡	背栓	检验方法
1	托板（转接件）标高	±1.0			—		卡尺
2	托板（转接件）前后高低差	≤1.0			—		卡尺
3	相邻两托板（转接件）高低差	≤1.0			—		卡尺
4	托板（转接件）中心线偏差	≤2.0			—		卡尺
5	勾锚入石材槽深度偏差	+1.0 0			—		深度尺
6	短勾中心线与托板中心线偏差	—	≤2.0		—		卡尺
7	短勾中心线与短槽中心线偏差	—	≤2.0		—		卡尺
8	挂勾与挂槽搭接深度偏差	—	+1.0 0		—		卡尺
9	插件与插槽搭接深度偏差	—	+1.0 0		—		卡尺
10	挂勾（插槽）中心线偏差	—			≤2.0		钢直尺
11	挂勾（插槽）标高	—			±1.0		卡尺

序号	项 目		通槽长勾	通槽短勾	短槽	背卡	背栓	检验方法
12	背栓挂（插件）中心线与孔中心线偏差		—				≤1.0	卡尺
13	背卡中心线与背卡槽中心线偏差		—			≤1.0	—	卡尺
14	左右两背卡中心线偏差		—			≤3.0	—	卡尺
15	通长勾距板两端偏差		±1.0		—			卡尺
16	同一行石材上端水平偏差	相邻两板块	≤1.0					水平尺
		长度不大于 35m	≤2.0					
		长度大于 35m	≤3.0					
17	同一列石材边部水平偏差	相邻两板块	≤1.0					卡尺
		长度不大于 35m	≤2.0					
		长度大于 35m	≤3.0					
18	石材外表面平整度	相邻两板块高低差	≤1.0					卡尺
		整幅幕墙	≤2.0					
19	相邻两石材缝宽（与设计值比）		±1.0					卡尺

（3）支承构件与石材面板挂装组合单元的挂装强度，以及石材挂装系统的结构强度，应按照现行国家标准的有关规定进行检验，并满足设计要求。

（4）石材面板连接部位正反两面均不应出现崩缺、暗裂、窝坑等缺陷。

（5）石材面板安装到位后，横向构件不应发现明显的扭转变形，板块的支承件或连接托板端头纵向不宜大于 2mm。

（6）相邻转角板块的连接不宜采用粘结方式。同一立面上板材的色调花纹应基本协调。

2. 外观质量要求

（1）每平方米亚光面和镜面石材的表面质量应符合表 6-2 要求。

光面和镜面石材表面质量		表 6-2
项目	规　定　内　容	
划伤	宽度不超过 0.3mm（宽度小于 0.1mm 不计），长度不小于 100mm，不多于 2 条	
擦伤	面积总和不超过 500mm^2（面积小于 100mm^2 不计）	

注：①石材花纹出现损坏的为划伤；

②石材花纹出现模糊现象的为擦伤（GB/T 21086—2007 第 7.5.1 条）。

（2）幕墙石材面板接缝应横平竖直，大小均匀，目视无明显弯曲扭斜，胶缝外应无胶渍。

七、金属幕墙安装

金属板幕墙可按建筑设计要求，选用单层铝板、铝塑复合板、蜂窝铝板、彩色钢板、搪瓷涂层钢板、不锈钢板、锌合金板、钛合金板、铜合金板作为面板材料。面板与支承结构相连接时，应采取措施避免双金属腐蚀。本章主要介绍铝合金单层板、铝合金复合板幕墙的安装。

（一）一 般 规 定

1. 安装要求

（1）金属幕墙的构件及零附件的材料、品种、规格、色泽、加工尺寸公差和性能应符合设计要求。使用的材料必须具备相应的出厂合格证、质保书和检验报告，不合格的构件不得安装使用。

（2）金属板幕墙的预埋件位置偏差过大或未设预埋件时，应制定补救措施或可靠连接方案，经业主、监理、建筑设计单位洽商同意后方可实施。

（3）施工前应按设计要求，检查金属板幕墙安装部位的墙体及梁、柱面的尺寸情况，若墙体及梁、柱面尺寸与设计要求不符合时，应及时向土建单位反映，由土建单位及时予以纠正。

（4）金属板幕墙主框构件与连接件如果是不同金属，其接触面应采用隔离垫片。

（5）金属板幕墙使用的耐候胶与工程所用的金属板必须相容。耐候胶应在保质期内使用，并有合格证明、出厂年限、批号。

（6）金属板幕墙使用的附件、转接件，除不锈钢外，应进行防腐处理。钢质件采用热浸锌处理时,镀锌层厚度不小于45μm。

(7) 现场焊接时,不得将电焊机的接地线搭在型材上,而且应当对型材、板块等进行保护,防止金属导电产生火花和飞溅烧坏型材、板块等表面。

(8) 现场的铝型材、金属板块、附件等应在室内集中存放,并应分类妥善保管。铝型材、金属板块的保护胶纸应完好,防止装饰表面产生划痕和污渍。

(9) 在金属板幕墙安装过程中,不得在竖向、横向型材上安放脚手架及跳板或悬挂重物,以防竖向、横向型材损坏或变形。

(10) 在金属板幕墙安装过程中,注意幕墙型材及金属板块的保护,及时清理幕墙型材、金属板块表面的水泥砂浆及密封胶,以保护金属板幕墙的安装质量。

(11) 楼层之间的防火层安装施工应符合相关国家及行业规范的规定。

2. 安装要求

(1) 预埋件或后置埋件。

(2) 幕墙构件与主体结构的连接、构件连接节点。

(3) 幕墙四周的封堵、幕墙与主体结构间的封堵。

(4) 幕墙变形缝及转角构造节点。

(5) 幕墙防雷连接构造节点。

(6) 幕墙防水、保温隔热构造。

(7) 幕墙防火构造节点。

(二) 施工设备、机具与检测仪器

1. 施工设备和机具

吊篮或脚手架、电焊机、手电钻、冲击电钻、螺丝刀、胶枪、小型切割机、割胶刀,电动自攻螺钉钻、射钉枪、铝型材切割机、活动扳手、吊车、卷扬机、手动葫芦等。

2. 检测仪器

经纬仪、水准仪、激光垂准仪、2m 靠尺、卡尺、深度尺、钢卷尺、塞尺、邵氏硬度计、韦氏硬度计、金属测厚仪等。

（三）施工安装流程与工艺

1. 工艺流程

测量放线—预埋件定位—转接件安装—立柱准备—立柱和洞口横向主梁安装—横梁安装—主要附件安装—层间保温防火材料安装—金属面板安装—注密封胶—收边收口—清洗幕墙—竣工验收。

2. 施工工艺

（1）测量放线

1）按照复测放线后的轴线和标高基准，严格按金属板幕墙节点图用垂准仪和水平仪进行墙体及梁、柱分格线的测量放线。立柱的安装对幕墙的垂直度和平面度起关键作用，所以测量放线的准确性决定幕墙的安装质量。在测量竖向垂直度时，每隔 4 条或 5 条轴线选取一条竖向控制轴线，各层均由初始控制线向上投测，形成每根立柱的分格垂直线。

2）根据金属板幕墙的标高水平基准线和立柱分格垂直线设置标高水平基准钢线和立柱垂直基准钢线。

3）检查测量误差。如墙体、包梁、包柱的轴线或层高基准偏差过大，误差超过金属板幕墙的施工图纸规定，应及时向设计人员反映，经设计变更后方可继续施工。

4）金属板幕墙墙体分格轴线的测量应与主体结构测量相配合，其偏差应及时调整，不得累积。应定期对金属板幕墙的安装定位基准进行校核。

5）对高层建筑的测量应在风力不大于 4 级时进行。

（2）预埋件定位

1）检查预埋件：根据复测放线和变更设计后的金属板幕墙

施工设计图纸逐个清理预埋件,并检查预埋件与主体结构结合是否牢固、位置是否有偏差。

2)如预埋件偏差过大,应对预埋件进行纠偏处理。预埋件偏差在 40~150mm 时,允许加接与预埋板等厚度、同材料的钢板。钢板一端与预埋件焊接,焊缝高度按设计要求,焊缝为连续角边焊,焊接质量应符合现行国家标准《钢结构工程施工质量验收规范》GB 50205—2001;另一端采用胀锚螺栓或化学螺栓固定,胀锚螺栓或化学螺栓的大小与数量应符合设计要求。胀锚螺栓或化学螺栓施工后应做拉拔试验,测试结果应符合设计要求。预埋件偏差超过 300mm 或包梁、包柱的预埋件如因轴线和层高基准偏差过大而不能使用时,应提出后置埋件施工方案,经业主、监理等有关方面签证后,施工部门方可按方案施工。

(3)转接件安装

1)将连接件预就位时,应将连接件的水平方向和垂直方向的中心十字交叉线对准上一工序在预埋铁件位置弹出的十字交叉线,如原预埋件有偏斜时,应将连接件在水平垂直方向用垫铁垫平,并将垫铁焊接牢固(图 7-1)。

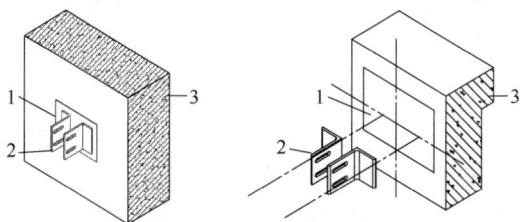

图 7-1 转接件安装
1—板式埋件;2—转接件;3—主体结构

2)将转接件(角码)和立柱芯套安装在立柱上。检查角码是否成 90°,如果误差太大,应立即更换。如果立柱外伸长度较大,可另用螺栓或用沉头螺钉在立柱两侧将芯套固定,但螺栓不应少于两个,每侧沉头螺钉数量不应少于 3 个,伸缩缝不能设在暴露位置。

3）整个面的转接件预就位后，拉水平线。吊垂线检查，转接件的水平、垂直方向的位置正确无误后进行焊接加固（四边围焊）。

4）焊接加固转接件后，除去焊渣，检查焊缝质量，符合设计和规范规定后，对焊缝进行防腐处理。

5）转接件与埋件焊接时应注意：用规定的焊接设备、材料和人员；确保焊接现场的安全，做好防火工作；严格按照设计要求进行焊接，要求焊缝均匀，无假焊、虚焊；防锈处理要及时、彻底。

（4）立柱准备

1）金属板幕墙的立柱一般采用钢材，也可以采用铝材。立柱的安装孔位应在加工车间加工，所以，安装前应检查立柱的所有安装孔位是否符合金属板幕墙施工设计的剖面图。除图纸确定的现场配钻孔外，如孔位不对，应退回加工车间重新加工。

2）钢结构立柱应以转接件螺栓孔为基准，铝结构立柱以立柱的第一排横梁孔中心线或横梁基准线为基准，在立柱外平面上划出标高水平基准线；将立柱截面分中，在立柱外平面上划出垂直中心线。

3）立柱截面的主要受力部分的厚度，应符合下列规定：

① 铝合金型材截面开口处有效受力部位的厚度不应小于 3mm，闭口部位的厚度不应小于 2.5mm；孔壁与螺钉之间直接采用螺纹受力连接时，其局部厚度不应小于螺钉的公称直径。

② 热轧钢型材截面有效受力部位的厚度不应小于 3mm；冷成形薄壁型钢截面有效受力部位的厚度，不宜小于 2.5mm，不应小于 2.0mm。

③ 偏心受压的立柱和偏心受拉立柱的受压板件，其板件有效截面的宽厚比应符合国家及行业相关标准及规范的规定。

4）上下立柱之间应有不小于 15mm 的间隙，并应采用芯柱连接。芯柱长度应不小于 250mm。芯柱与立柱应紧密接触。芯柱与下柱之间应采用不锈钢螺栓固定（图 7-2）。

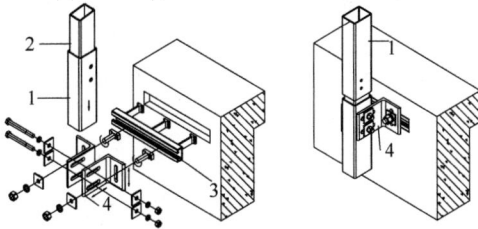

图 7-2　上下立柱与转接件连接构造
1—立柱；2—芯套；3—槽式埋件；4—转接件

5）立柱与主体结构的连接可每层设一个支承点，也可设两个支承点；在实体墙面上，支承点可适当加密。

（5）立柱和洞口横向主梁安装

1）安装第一层立柱和洞口横向主梁

① 第一层金属板幕墙基准立柱和洞口横向主梁的安装：基准立柱是指墙体或梁、柱基准线的第一根立柱。立柱和横向主梁安装应自下而上进行，第一层基准立柱的下方为地面或楼板面，横向主梁左右方为基准轴线。将第一层基准立柱安放在地面或楼板面上，上部以立柱外平面上划出的标高水平基准和立柱中心线定位，下部用垫块调整。洞口横向主梁则以基准立柱为基准，沿水平方向左右延伸。当立柱外平面上的标高水平基准线和立柱中心线与放线后的立柱垂直基准钢线和水平标高钢线重合时，立即将立柱的转接件（角码）点焊到埋板上；如有误差，可用转接件在三维方向上调整立柱位置，直至重合。横向主梁则用转接件与轴线基准立柱和埋板连接，洞口横向主梁中心线应与主体建筑复测放线后的梁中基准中心线重合。

② 第一层金属板幕墙中间立柱和洞口横向主梁的安装：由于一个墙体上的竖向分格较多，为减少累积误差，应采用分中定位安装工艺：如果分格为偶数，应先安装中间一根立柱，然后向两侧延伸；如果分格为奇数，应先安装中间一个分格的两根立

柱，然后向两侧延伸。安装工艺与第一层基准立柱相同；洞口中间横向主梁则插入第一根基准横向主梁的芯套上，在伸缩缝处加一块宽 15mm 的填片，检查中间横向主梁中心线与主体建筑复测放线后的梁中基准中心线是否重合，重合时，立即将横向主梁的转接件（角码）点焊到埋板上。

③ 第一层金属板幕墙立柱和横向主梁的调整：在一层立柱和横向主梁安装完毕后，应统一调整立柱和横向主梁的相对位置。立柱和横向主梁安装标高偏差不应大于 2mm，轴线前后偏差不应大于 2mm，轴线左右偏差不应大于 2mm。

④金属板幕墙立柱和横向主梁的安装误差不得累积，安装初步定位后应自检，并进行调整。立柱和横向主梁安装就位、调整后应及时紧固，并拆除安装就位的临时设置。立柱和横向主梁安装轴线偏差不应大于 2mm；相邻两根立柱安装标高偏差不应大于 3mm。立柱和横向主梁安装就位、调整后应及时紧固。

2）安装各层立柱和横向主梁

① 基准立柱的安装：将各层基准立柱插入下一层基准立柱的芯套上，在伸缩缝处加一块宽 15mm 的填片，复测下立柱上横梁与上立柱下横梁的安装中心线之间的距离是否符合分格尺寸，保证立柱上下间伸缩缝间隙符合设计要求，并不小于 15mm，偏差不大于 2mm。当立柱上部外平面上的标高水平基准线和立柱中心线与放线后的立柱垂直分格钢线和水平标高钢线重合时，立即将立柱的转接件（角码）点焊到埋板上。

②中间立柱的安装：将各层中间立柱按分中定位工艺插入下一层中间立柱的芯套上，在伸缩缝处加一块宽 15mm 的填片，保证立柱上下间接缝隙符合设计要求，并不小于 15mm，偏差不大于 2mm。其他安装工艺与第一层中间立柱相同。

③ 立柱的调整：在一层立柱安装完毕后，应统一调整立柱的相对位置。

④ 立柱安装就位、调整后应及时紧固，并拆除用于立柱安装就位的临时设置。然后密封立柱伸缩缝。

⑤ 各层横向主梁的安装工艺同第一层横向主梁的安装。

（6）横梁安装

1）横梁与立柱构造关系如图 7-3 所示。

2）测量放线。以各层标高线为基准，将图纸拉出水平定位线。

3）安装连接件。将连接件插入横梁两端。对于钢结构构件，连接件一端允许用焊接方式按水平定位线与立柱固定，另一端用不锈钢螺栓将横梁固定在立柱上。横梁两端与连接件的螺钉孔，一端为圆孔，另一端为椭圆孔。注意横梁与立柱间的接缝间隙应符合设计要求，安装应牢固。

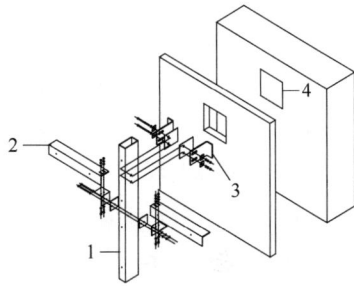

图 7-3　横梁与立柱连接构造
1—立柱；2—横梁；
3—转接件；4—埋件

4）横梁上、下表面与立柱正面应成直角，严禁向外或向内倾斜、扭曲，以影响横梁的水平度。

5）当安装完一层高度时，应进行检查、调整、校正，使其符合质量要求，并及时固定。

6）同一根横梁两端或相邻两根横梁的水平标高偏差不应大于 1mm。同层标高差：当一幅幕墙宽度不大于 35mm 时，不应大于 4mm；当一幅幕墙宽度大于 35mm 时，不应大于 6mm。

（7）主要附件安装

1）焊接钢件

① 幕墙框架安装检查合格后，应检查所有固定螺栓是否全部拧紧。然后按焊接工艺将所有节点的转接件、连接件与垫片、螺栓与螺母焊接，并涂防锈漆。焊接应牢固可靠、焊缝密实，不得有漏焊、虚焊，焊缝高度应符合设计要求。现场焊接处表面应先去焊渣（疤），再刷涂两道防锈漆和一道面漆。在焊接中转接件等已损坏的防锈层，应按上述规定重新补涂。

② 对每个节点进行隐蔽工程验收，并做好记录。

2）按设计要求安装防雷装置：防雷装置应通过转接件与主体结构的防雷系统可靠连接。上、下立柱之间宜采用铜编织导线连接，连接立柱表面应除去氧化层和保护层。为不阻碍立柱之间的自由伸缩，导电带做成折环状，易于适应变位要求。在均压环设置的楼层，所有预埋件通过 12mm 圆钢连通。

3）安装防火层：按设计要求安装防火层。防火材料应用锚钉固定牢固。防火层应平整、连续，形成一个不间断的隔层，拼接处不留缝隙。对每个防火节点应认真隐蔽验收，并做好记录。安装时应按图纸要求，先将镀锌钢板固定（用螺栓或射钉），要求牢固可靠，镀锌钢板搭接间应打注防火密封胶。镀锌钢板安装好后铺防火棉，安装时应注意防火棉填塞密实，保证防火层与龙骨接口处密实饱满，且不能积压，以免影响面材。最后进行顶部封口处理即安装封口板。

（8）金属面板安装

1）安装要求

① 各处隐蔽工程验收合格后方可进行面板安装。

② 安装前检查金属面板的质量是否与设计要求相符，板块表面应无碰伤、划伤；保护纸应完整，起到保护装饰表面的作用。

③ 金属面板在幕墙龙骨框架上的连接方式以及螺钉安装位置和数量应符合设计要求。

④ 调整各金属板块位置时，应保证接缝横平竖直，接缝大小一致。

⑤ 安装金属板块之前首先应进行定位划线，确定结构金属板组件在幕墙平面上的水平、垂直位置。应在龙骨框格平面外设控制点，对横、竖连接件进行检查、测量和调整，拉控制线控制安装的平面度和各组件位置，减少金属板块的安装误差。

⑥ 安装前应将铁件或钢架、立柱、避雷、防锈全部检查一遍，合格后再将相应位置的金属板搬入就位。安装过程中拉钢丝

线控制相邻金属板的平整度和板缝的水平、垂直度，按照设计要求安装金属板块。用木板模块控制板缝之间的宽度，调整完毕后进行固定。如缝宽有误差，应均分在每条胶缝中，防止误差累积在某一条缝中或某一块板材上。

⑦ 安装过程中不得采用切割、裁减、焊接、铜焊等安装方式。

⑧安装结束后应尽快除去保护膜。对于表面采用预辊涂处理的金属板，安装时应按照保护膜上安装指示方向箭头进行安装。

2）金属板材的连接方式

① 铆钉连接

开放式和遮蔽式幕墙宜采用不锈钢芯的抽芯铆钉。采用钢芯的铆钉在连接后必须抽出钢芯。沉头铆钉不宜用于幕墙；在室外进行结构性固定的铆钉，公称直径应为 5mm，铆钉头直径宜为 11～14mm；采用铆钉铆接的方式做结构性固定时，铝（塑复合）板上的孔径应大于铆钉杆的直径；在孔和铆钉之间宜预留 0.3mm 的缝隙，避免铝板受挤压产生变形；铆钉头应覆盖板孔的外围至少 1mm，但不应压住面板保护膜。

② 螺栓连接

铝（塑复合）板宜采用有密封垫圈的不锈钢螺栓进行连接，垫圈至少要覆盖孔外围 1mm；板上的孔径应大于螺栓的直径，孔和螺栓之间宜预留 0.3mm 的缝隙，以避免铝板受挤压产生变形；垫圈或螺母不应压住板面保护膜。

3）加强肋装配

① 加强肋应采用结构装配方式固定在铝（塑复合）板的背面。

② 金属板边缘弯折以后，即为金属板周边边肋，根据金属板材的材质、厚度及分格尺寸等要求在金属板材背面适当位置设计加强肋，加强肋可以选择铝板弯折成型或铝合金积压成型的角铝、槽铝或铝方通，其形式及数量根据设计确定。

③ 相邻边肋连接处应补与金属面板同厚、同材质的加强板

材（铝角码），并采用抽芯铝铆钉机械或铝焊接固定；金属板边部采用铝合金副框做加强肋的，应与金属面板采用抽芯铝铆钉机械或铝焊接固定，铝合金副框接口处应采用机械连接固定。抽芯铝铆钉间距应在 200mm 左右。

④ 加强肋与铝（塑复合）板的背面采用结构胶进行结构装配时，加强肋的材料或其表面涂层应与结构胶或胶带相容，装配方法应满足结构胶的施工规范要求；加强肋与铝（塑复合）板的背面采用结构粘结胶带进行结构装配时，必须在被粘结件之间施加足够的压力，持续时间应使粘结力达到要求为止。

⑤ 经结构装配连接后的组件，铝（塑复合）板的背面和加强肋之间不允许出现脱胶和分离的现象。

⑥ 金属面板背面加强肋与板周边加强肋应采用机械连接并连接紧固，组装完成后应在每块板对角接缝处用密封胶密封，防止漏水。

4）角码连接金属板安装

① 采用角码连接的金属板在安装前，应重新进行放线测量，并设置分格钢线，并在支承龙骨立柱、横梁的中心位置清晰标注。

② 在支承龙骨框格表面铺设橡胶胶垫，防止铝板与钢龙骨间发生电偶腐蚀。

③ 将金属板搬至安装位置后，用手电钻通过自攻自钻螺钉机械固定在型钢立柱和横梁上。金属板安装完毕后，应对其安装垂直度及平整度进行检查，如有误差应及时进行调整（图 7-4）。

5）铝合金副框连接金属板安装

① 采用铝合金副框连接的金属板在安装前，应重新进行放线测量，并设置水平和竖向分格钢线，并在支承龙骨立柱、横梁的中心位置清晰标注，以便确定金属板接缝位置。

② 在支承龙骨框格表面铺设橡胶胶垫，防止铝板与钢龙骨间发生电偶腐蚀。

③ 将金属板搬至安装位置后，用手电钻通过自攻自钻螺钉

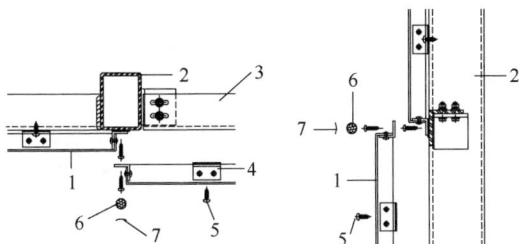

图 7-4　角码连接式安装示意

1—金属板；2—立柱；3—横梁；4—角码；

5—螺钉；6—泡沫棒；7—密封胶

和铝合金压块将金属板机械固定在型钢立柱和横梁上。金属板安装完毕后，应对其安装垂直度及平整度进行检查，如有误差应及时进行调整（图 7-5）。

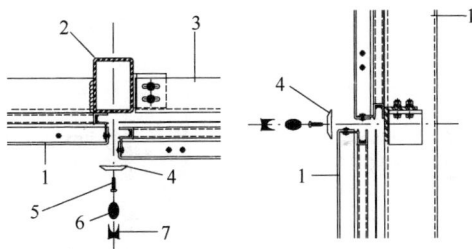

图 7-5　铝合金副框式安装示意

1—金属板（带副框）；2—立柱；3—横梁；

4—压块；5—螺钉；6—泡沫棒；7—密封胶

6）铝合金封盖式连接金属板安装

铝合金封盖式连接金属板安装构造示意如图 7-6 所示。

① 采用铝合金封盖式连接的金属板在安装前，应重新进行放线测量，并设置水平和竖向分格钢线，并在支承龙骨立柱、横梁的中心位置清晰标注。

② 在支承龙骨框格表面铺设橡胶胶垫，防止铝板与钢龙骨间发生电偶腐蚀。

③ 安装铝合金压条，用手电钻通过自攻自钻螺钉将铝合金压条临时固定在立柱和横梁上（图7-7）。

④ 将金属板搬至安装位置后，用手电钻通过自攻自钻螺钉将铝合金压条和金属板机械固定在型钢立柱和横梁上。有密封要求的，在压条安装完毕后，还应在压条与金属板空隙内打注密封胶，然后再压铝合金扣板。金属板安装完毕后，

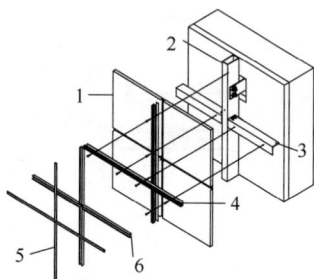

图7-6　铝合金封盖式
（单板）安装示意

1—金属（复合）板；2—立柱；
3—横梁；4—压条；5—扣盖；
6—密封胶

应对其安装垂直度及平整度进行检查，如有误差应及时进行调整（图7-8）。

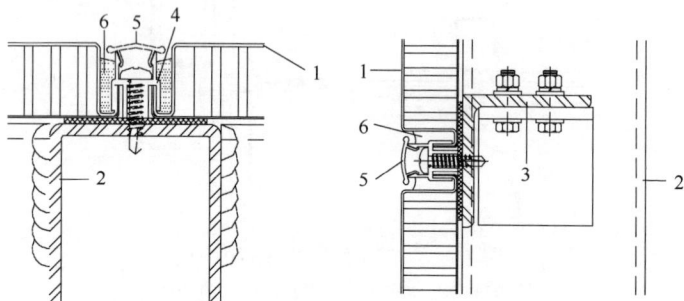

图7-7　铝合金封盖式（复合板）安装示意

1—金属（复合）板；2—立柱；3—横梁；
4—压条；5—扣盖；6—密封胶

（9）注密封胶

密封工序可在板块安装完毕或完成一定单元，并检验合格后进行。

1）基本要求

① 注胶不宜在低于5℃的条件下进行，温度太低，胶液发生

流淌，延缓固化时间甚至影响拉结拉伸强度，必须严格按产品说明书要求施工。严禁在风雨天进行，防止雨水和风沙侵入胶缝。

② 充分清洁金属板材间缝隙，不应有水、油渍、涂料、铁锈、水泥砂浆和灰尘等，充分清洁粘结面，并加以干燥。

③ 为调整缝的深度，避免三边粘胶，缝内填泡沫棒。

2）注胶工艺

① 清洁胶缝：采用双布净化法，将丙酮或二甲苯溶剂倒在一块干净小布上，单向擦拭金属板胶缝。用过的棉布不能重复使用，应及时更换。

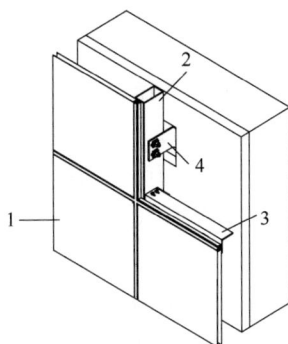

图 7-8　铝合金封盖式
（复合板）构造
1—复合金属板；2—立柱；
3—横梁；4—转接件

② 在接缝间隙填充泡沫条。不得使用小泡沫条绞成麻花状填充胶缝。

③ 在接缝间隙两边贴保护胶纸（美纹纸）。金属板幕墙四周折边时，圆角 R 较大，保护胶纸不易贴直，容易影响胶缝的表面质量，因此，必须严格遵循保护胶纸的粘贴工艺：应进行保护胶纸粘贴工艺的专项培训；粘贴时，用左手将保护胶纸的一端粘结在金属板上，使保护胶纸的一边与金属板边缘齐平，右手将保护胶纸尽可能拉直、拉长，并与金属板边缘齐平，然后用左手从上到下或从左到右地将保护胶纸粘贴在金属板边缘上。如果有弯曲或者歪斜，应拉开重贴。

④ 胶缝注胶。注胶时，应保持胶体的连续性，防止气泡和夹渣。一旦发现气泡应挖掉重注。

⑤ 刮平。注胶结束后，应及时撕去保护胶纸，将废保护胶纸放入容器内，不得随地乱丢。被污染的金属板表面，应用刮刀清理。

（10）收边收口

1）女儿墙收边

金属板幕墙延伸到女儿墙时，应按金属板幕墙设计施工图进行女儿墙收边，定制收边板并进行安装，不应无图施工。女儿墙收边时，应预留滴水线。如果女儿墙有很长的斜面，则收边板上平面的外侧应设置 50mm 高的挡水凸台，并在斜面根部附近设置两道挡水板，将斜面上的雨水导向女儿墙内侧，防止因雨水溢至外幕墙产生污染。

2）室外地面或楼顶面收边

金属板幕墙下面延伸到地面和楼顶面时，因地面和楼顶面均需进行防水处理，所以，金属板应收边至地面后楼顶面上部 250～300mm 处。地面或楼顶面做防水时，应将防水层做到金属板的下面，确保防水质量。

3）梁、柱收边

当金属板幕墙与其他幕墙连接时，应按施工设计图纸与其他幕墙紧密交圈，不留间隙。当与其他幕墙断开时，金属板幕墙与主体建筑之间存在很大缝隙，应进行收边。为了防止雨水渗漏，应在幕墙梁、柱与主体建筑之间的缝隙加注聚氨酯发泡剂密封。

4）相关分部分项工程的收口

主体避雷系统安装、航标灯安装、亮化照明安装和其他工程安装都要在金属板幕墙上开口。为防止雨水渗漏，应尽可能在金属板幕墙的拼缝处设置连接件，减少开口数量。必须开口时，除了在开口处注密封胶外，还应在伸出幕墙的安装杆上加装高20mm 的套管，并在套管与幕墙接触处和套管内加注密封胶。

（11）清洗幕墙

金属板幕墙施工中，对幕墙构件表面造成的污染应及时清除；工程安装完成后，交付前应对金属板幕墙表面进行清洗，保持幕墙表面清洁。

（12）竣工验收

1）金属板幕墙安装完毕后，施工单位应按相关国家及行业标准规定向监理提供金属板幕墙检查的所有文件和记录。

2）金属板幕墙安装完毕后，施工单位应按规定的金属板幕墙检验批进行自检，并做好自检记录。

3）监理单位会按规定的金属板幕墙检验批进行初检，并提出整改意见。施工单位应按监理的整改意见逐条进行整改，重要的整改条款应提出整改报告。

4）监理单位对金属板幕墙进行验收，并签证验收意见。

（四）质 量 标 准

1. 组件组装质量要求

（1）金属板幕墙竖向构件和横向构件的组装允许偏差应符合表 7-1 的要求。

金属板幕墙框架安装的允许偏差 表 7-1

项目	尺寸范围	允许偏差（mm）（不大于）		检查方法
		铝构件	钢构件	
相邻两竖向构件间距尺寸（固定端头）	—	±2.0	±3.0	钢卷尺
相邻两横向构件间距尺寸	间距≤2000mm	±1.5	±2.5	钢卷尺
	间距＞2000mm	±2.0	±3.0	
分格对角线差	对角线长≤2000mm	3.0	4.0	钢卷尺或伸缩尺
	对角线长＞2000mm	3.5	5.0	
竖向构件垂直度	高度≤30m	10	15	经纬仪或铅垂仪
	高度≤60m	15	20	
	高度≤90m	20	25	
	高度≤150m	25	30	
	高度＞30m	30	35	
相邻两横向构件的水平高差	—	1.0	2.0	钢板尺或水平仪

项目	尺寸范围	允许偏差(mm)(不大于)		检查方法
		铝构件	钢构件	
横向构件水平度	构件长≤2000mm	2.0	3.0	水平仪或水平尺
	构件长>2000mm	3.0	4.0	
竖向构件直线度	—	2.5	4.0	2m靠尺
竖向构件外表面平面度	相邻三立柱	2	3	经纬仪
	宽度≤20m	5	7	
	宽度≤40m	7	10	
	宽度≤60m	9	12	
	宽度>60m	10	15	
同高度内横向构件的高度差	长度≤35mm	5	7	水平仪
	长度>35mm	7	9	

（2）金属板幕墙组装就位后允许偏差应符合表7-2的规定。

金属板幕墙板块安装允许偏差　　表7-2

项目	尺寸范围（m）	允许偏差（mm）	检查方法
竖缝及幕墙面垂直度	幕墙高度≤30	10	激光仪或经纬仪
	30<幕墙高度≤60	15	
	60<幕墙高度≤90	20	
	90<幕墙高度≤150	25	
	幕墙高>150	30	
幕墙平面度		2.5	2m靠尺、塞尺
竖缝直线度		2.5	2m靠尺、塞尺
横缝直线度		2.5	2m靠尺、塞尺
拼缝宽度（与设计值比）		2	卡尺

（3）金属板幕墙的附件应齐全并符合设计要求，幕墙和主体结构的连接应牢靠。

（4）金属板幕墙组件采用插接或立边接缝系统进行安装时，

172

插接用固定块及接缝用固定夹和滑动夹的固定部位应牢固可靠。

（5）锌合金板幕墙的面板材料与支承结构相连接时，应注意面板材料与支承结构材料之间的相容性。锌合金板背面未带防潮保护层时，锌合金板幕墙宜采用后部通风系统。

（6）搪瓷涂层钢板背衬材料应牢固可靠，配置合理，不得有影响搪瓷涂层钢板性能和造型的缺陷。搪瓷涂层钢板幕墙的面板不应在施工现场进行切割和钻孔，搪瓷涂层应保持完好。

（7）金属板幕墙组件装配尺寸应符合表 7-3 的要求。

金属板幕墙组件装配尺寸允许偏差（mm）　　表 7-3

序号	项目	尺寸范围	允许偏差	检测方法
1	长度尺寸	≤2000	±2.0	钢尺或钢卷尺
		>2000	±2.5	钢尺或钢卷尺
2	对边尺寸	≤2000	≤2.5	钢尺或钢卷尺
		>2000	≤3.0	钢尺或钢卷尺
3	对角线尺寸	≤2000	2.5	钢尺或钢卷尺
		>2000	3.0	钢尺或钢卷尺
4	折弯高度	—	1.0	钢尺或钢卷尺

（8）金属板幕墙组件的板折边最小半径，应保证折边部位的金属内部结构及表面饰层不遭到破坏。

（9）金属板幕墙组件的板折边角度允许偏差不大于 2°，组角处缝隙不大于 1mm。

（10）采用铝塑复合板幕墙时，铝塑复合板开槽和折边部位的塑料芯板应保留的厚度不得小于 0.3mm。铝塑复合板切边部位不得直接处于外墙面。

（11）金属板幕墙组件的加强边框和肋与面板及折边之间应采用正确的结构装配连接方法，满足金属板幕墙组件承载和传递风荷载的要求。

（12）2mm 厚度的单层铝板幕墙，其内置加强框架与面板的连接不应用焊钉连接结构。

2. 外观质量要求

（1）封闭式金属板幕墙组件的角接缝和孔眼应进行密封处理。

（2）金属板组件的长度、宽度和板厚度的组合及设计选择，应确保金属板组件组装后的平面度允许偏差符合表7-4的要求。

金属板组件平面度允许偏差 表7-4

板材厚度	允许偏差（长边）	检查方法
≤2mm	≤0.2%	钢卷尺
>2mm	≤0.5%	钢卷尺

（3）金属板幕墙组件中金属面板表面处理层厚度应满足表7-5的要求。

金属面板表面的处理层厚度（μm） 表7-5

表面处理方法	平均厚度 t		检测方法
氧化着色	$t \geq 15$		测厚仪
静电粉末喷涂	$40 \leq t \leq 120$		测厚仪
氟碳喷涂	喷涂	$t \geq 30$	测厚仪
	辊涂	$t \geq 25$	
聚氨酯喷涂	$t \geq 40$		测厚仪
搪瓷涂层	$120 \leq t \leq 450$		测厚仪

（4）金属板外观应整洁，涂层不得有漏涂。装饰表面不得有明显压痕、印痕和凸凹等残迹。装饰表面每平方米内的划伤、擦伤应符合表7-6的要求。

装饰表面划伤、擦伤的允许范围 表7-6

项目	要求	检测方法
划伤深度	不大于表面处理厚度	目测观察
划伤总长度（mm）	≤100	钢直尺
擦伤总面积（mm²）	≤300	钢直尺
数划伤、擦伤总处	≤4	目测观察

（5）金属幕墙面板接缝应横平竖直，大小均匀，目视无明显弯曲扭斜，胶缝外应无胶渍。

八、人造板幕墙安装

人造板幕墙是指面板材料为人造外墙板（除玻璃、金属与石材板外）的建筑幕墙。人造板材包括瓷板、陶板、微晶玻璃、石材蜂窝板、木纤维板、纤维水泥板等，幕墙工程中应用较多的主要有陶板、石材蜂窝板、纤维水泥板等。

（一）一 般 规 定

1. 安装要求

（1）安装幕墙的主体结构应符合有关结构施工质量验收规范的要求，主体结构应满足幕墙安装的基本要求。幕墙安装前，应了解并验收主体结构的施工质量。尤其是外立面很复杂或平面形状比较特殊的建筑，主体结构必须与建筑结构设计相符，并满足相应验收规范的要求。

（2）进场的幕墙构件及附件的材料品种、规格、色泽和性能，应符合设计要求。幕墙构件安装前应进行检验与校正。不合格的构件不得安装使用。按幕墙施工图中明确规定的幕墙构件及附件的材料品种、规格、色泽和性能进行检验。构件的尺寸、形状不符合设计要求时，会严重影响幕墙的安装质量，不得使用。

（3）幕墙的安装施工应单独编制施工组织设计，并应包括下列内容：

1）工程概况、质量目标。

2）编制目的、编制依据。

3）施工部署、施工进度计划及控制保证措施。

4）项目管理组织机构及有关的职责和制度。

5）材料供应计划、设备进场计划。

6）劳动力调配计划及劳保措施。

7）与业主、总包、监理单位以及其他工种的协调配合方案。

8）材料供应计划及搬运、吊装方法及材料现场贮存方案。

9）测量放线方法及注意事项。

10）构件、组件加工计划及其加工工艺。

11）施工工艺、安装方法及允许偏差要求；重点、难点部位的安装方法和质量控制措施。

12）项目中采用新材料、新工艺时，进行论证（必要时）和制作样板的计划。

13）安装顺序及嵌缝收口要求。

14）成品、半成品保护措施。

15）质量要求、幕墙物理性能检测及工程验收计划。

16）季节施工措施。

17）幕墙施工脚手架的验收、改造和拆除方案或施工吊篮的验收、搭设和拆除方案。

18）文明施工和安全技术措施。

19）施工平面布置图。

（4）单元式人造板幕墙的安装施工组织设计尚应包括以下内容：

1）单元件的运输及装卸方案。

2）主体结构施工过程中的测量、监控方案。

3）吊具的类型和吊具的移动方法，吊具的安装位置和对主体结构的荷载影响，单元组件起吊地点、垂直运输与楼层上水平运输方法和机具。

4）收口单元位置、收口闭口工艺及操作方法。

5）单元组件吊装顺序及吊装、调整、定位固定等方法和措施。

6）幕墙施工组织设计应与主体工程施工组织设计相互衔接，单元幕墙收口部位应与总施工平面图中施工机具的布置协调。

（5）背栓式人造板材幕墙的安装施工组织设计尚应包括以下内容：

1）面板防护、外观尺寸及平整度现场验收计划。

2）背栓与面板连接部位的配合公差要求。

3）面板开孔深度及误差要求。

4）背栓连接面板的受拉破坏承载力检测要求以及试验计划。

（6）采用脚手架施工时，幕墙安装施工单位应与土建施工单位协商幕墙施工所用脚手架的配合方案。悬挂式脚手架宜为三层层高；落地式脚手架应为双排布置。

（7）幕墙工程的施工测量应符合下列要求：

1）幕墙分格轴线的测量应与主体结构测量相配合，及时调整、分配、消化主体结构偏差，不得累积。

2）单元式幕墙施工，应对主体结构施工过程中的垂直度和楼层外廓进行测量、监控。

3）应定期对幕墙的安装定位基准进行校核。

4）对高层建筑幕墙的测量，应在风力不大于 4 级时进行。

（8）幕墙安装过程中，应及时对半成品、成品进行保护；在构件存放、搬动、吊装时，应轻拿轻放，不得碰撞、损坏和污染构件；对型材、面板的保护膜应采取保护措施。

（9）进行焊接作业时，应采取保护措施防止烧伤型材及面板保护膜。施焊后，应对钢材表面及时进行处理。

2. 隐蔽工程验收项目及部位

（1）预埋件或后置锚栓连接件。

（2）构件与主体结构的连接节点。

（3）幕墙四周、幕墙内表面与主体结构之间的封堵。

（4）幕墙伸缩缝、沉降缝、防震缝及墙面转角节点。

（5）幕墙防雷连接节点。

（6）幕墙防火、隔烟节点。

（7）单元式幕墙的封口节点。

（二）施工设备、机具与检测仪器

1. 施工设备和机具

吊篮或脚手架、电焊机、手电钻、冲击电钻、螺丝刀、胶枪、小型切割机、割胶刀、电动自攻螺钉钻、射钉枪、铝型材切割机、活动扳手、吊车、卷扬机、手动葫芦等。

2. 检测仪器

经纬仪、水准仪、激光垂准仪、2m靠尺、卡尺、深度尺、钢卷尺、塞尺等。

（三）施工安装流程与工艺

1. 工艺流程

构件式人造板幕墙：安装施工准备—测量放线—预埋件定位—龙骨准备及转接件安装—立柱和横向主梁安装—横梁安装—主要附件安装—层间保温防火材料安装—安装面板—安装幕墙伸缩缝、沉降缝、防震缝和封口节点—填缝、注专用密封胶（开敞式无此步骤）—幕墙收边收口—清洗幕墙—竣工验收。

单元式人造板幕墙：安装施工准备—测量放线—预埋件定位—安装主要附件—安装挂轴—安装幕墙单元—收边收口—清洗幕墙—竣工验收。

2. 施工工艺

（1）安装施工准备

1）安装施工之前，幕墙安装施工单位应会同土建承包单位检查现场，确认是否具备幕墙安装施工条件。

2）构件储存时应依照幕墙安装顺序排列放置，储存架应有足够的承载力和刚度。在室外储存时应采取保护措施。

3）幕墙与主体结构连接的预埋件，应在主体结构施工时按设计要求埋设；预埋件应牢固、位置正确，位置偏差应符合设计要求。当设计无明确要求时，预埋件的位置偏差不应大于20mm。

4）当预埋件位置偏差过大或主体结构未埋设预埋件时，应制定补救措施或可靠连接方案，经与业主、建筑设计单位洽商后方可实施。

5）由于主体结构施工偏差过大而妨碍幕墙施工安装时，应会同业主、土建承建单位洽商相应措施，并在幕墙安装施工前实施。

（2）测量放线

测量放线是构件和单元式人造板幕墙连接件安装质量符合要求的基础。进行测量放线时，应注意下列事项：

1）幕墙分格轴线、控制线的测量应与主体结构测量相配合，并应及时将发现的主体结构施工误差反馈给幕墙设计人员，对幕墙的分格进行调整。

2）单元式幕墙施工，一般是在主体结构尚未完全完成时开始。幕墙施工单位应对单元幕墙施工开始后主体结构的垂直度和结构楼层的外轮廓位置进行监控，发现误差超过幕墙安装允许的范围时，应及时反馈给总包单位，便于主体结构施工单位进行修改、调整。

3）为确保幕墙的安装质量，应定期对幕墙的安装定位基准进行校核。

4）风力超过4级时，主体结构的位移会影响测量放线的精确度，也容易发生安全问题，不宜进行测量放线。

（3）预埋件定位

1）为保证幕墙与主体结连接构的可靠性，幕墙用预埋件应在主体结构施工时埋入。预埋件应牢固可靠、位置准确，埋设偏差应符合设计要求。幕墙安装前，应对幕墙预埋件进行检查验收。

2）若工程中经常出现未埋设预埋件或已埋设预埋件无法使用的情况，幕墙施工承包单位应根据工程实际，会同业主、建筑设计、总包、监理等单位，协商制定幕墙的后锚固施工方案。在得到原建筑结构设计认可之后，再实施方案。后锚固锚栓应进行现场抗拉承载力试验，满足设计要求之后，才能进行施工。

（4）构件式人造板幕墙

1）幕墙立柱的安装应符合下列规定：

① 立柱安装轴线偏差不应大于 2mm。

② 相邻两根立柱安装标高偏差不应大于 3mm，同层立柱的最大标高偏差不应大于 5mm；相邻两根立柱固定点的距离偏差不应大于 2mm。

③ 立柱安装就位、调整后应及时紧固。

2）幕墙横梁的安装应符合下列要求：

① 横梁应安装牢固、贴缝严密。设计中横梁与立柱间留有伸缩间隙时，伸缩间隙宽度应满足设计要求，伸缩间隙应严格密封，密封胶填缝应均匀、密实、连续。

② 同一根横梁两端或相邻两根横梁的水平标高偏差不应大于 1mm。同层标高偏差：当一幅幕墙宽度不大于 35m 时，不应大于 5mm；当一幅幕墙宽度大于 35m 时，不应大于 7mm。

③ 横梁安装完成一层高度时，应及时进行检查、校正和固定。

3）幕墙其他主要附件安装应符合下列要求：

① 防火、保温材料应铺设平整且可靠固定，拼接处不应留缝隙。

② 冷凝水排出管及其附件应与水平构件预留孔连接严密，与内衬板出水孔连接处应采取密封措施。

③ 其他通气槽、孔及雨水排出口等应按设计要求施工，不得遗漏。

④ 封口应按设计要求进行封闭处理。

⑤ 幕墙安装采用的临时构件、临时螺栓等，应在紧固后及时拆除。

⑥ 采用现场焊接或高强螺栓紧固的构件，应对焊接或紧固

部位及时进行防锈处理。

4）人造外墙板面板安装应符合下列要求：

① 安装面板前应按其相应的现行行业标准和设计要求对面板的弯曲强度（断裂模数）以及用于寒冷地区面板的耐冻融性等进行现场检查、验收。

② 面板表面防护应符合设计要求。

③ 检查面板用粘结剂的相容性和密封胶的污染性，面板用粘结剂应符合规范规定。

④ 根据连接方式确定幕墙面板的安装顺序，预安装并调整后，需在孔、槽内注胶粘剂的面板，胶粘剂的品种和性能应符合规范规定。

5）幕墙面板开缝安装时，应对主体结构采取可靠的防水措施，并应有符合设计要求的排水出口。

6）板缝密封施工，不得在雨天打胶，也不宜在夜晚进行。打胶温度应符合设计要求和产品要求，打胶前应使打胶面清洁、干燥。较深的密封槽口底部应采用聚乙烯发泡材填塞。

（5）单元式人造板幕墙

1）单元式幕墙的吊装机具准备应符合下列要求：

① 安装单元板块的吊装机具应进行专门设计。吊装机具的承载能力应大于板块吊装施工中各种荷载和作用组合的设计值。

② 应对吊装机具安装位置的主体结构承载能力进行校核。吊装机具应与主体结构可靠连接，并有防止脱轨或限位、防倾覆设施。

③ 应采取有效措施，使板块在垂直运输和吊装过程中不承受水平方向分力的影响，并减小摆动。

④ 吊装机具上应设置防止板块坠落的二次保护设施、行程开关。

⑤ 吊装机具运行速度应可控制，并有安全保护措施。

⑥ 吊装前，应对吊装机具进行全面的质量、安全检验，并进行空载试运转之后才能进行吊装。

⑦ 定期对吊挂用钢丝绳进行检查，发现断股应及时更换。

⑧ 定期对吊装机具进行检查、保养，发现问题立即停工修理，严禁吊装机具带病作业。

⑨ 吊装机具操作人员应经培训并考核合格。

⑩ 做好吊装机具的防雨防潮和防尘措施。

2）单元板块运输应符合下列要求：

① 做好成品保护，并按照加工顺序号进行装车，板块的摆放方向应符合板块规定的运输方向；摆放平稳，绑扎牢固，减小板块或型材变形。

② 装卸和运输过程中，应采用有足够承载力和刚度的周转架、衬垫、弹性垫，使单元板块之间相互隔开并相对固定，防止划伤、相互挤压和串动。

③ 异形板块和超过运输允许尺寸的单元板块，应采取特殊措施。

④ 运输过程中，应采取措施减小颠簸并做好防止天气变化的准备措施。

⑤ 楼层上设置的接料平台应进行专门设计，接料平台的承载能力应大于板块、周转架的最大自重以及搬运人员体重和其他施工荷载的组合设计值，并能承受承料台所承受水平荷载的分力。接料平台的周边应设置防护栏杆。

3）在场内堆放单元板块时，应符合下列要求：

① 宜设置专用堆放场地，并应有安全保护措施；短期露天存放时应采取防水、防火和遮阳措施。

② 宜存放在周转架上。

③ 应按照安装顺序"先出后进"的原则按编号排列放置。

④ 不应直接叠层堆放。

⑤ 不宜频繁装卸。

4）单元板块起吊和就位应符合下列要求：

① 板块上的吊挂点位置、数量应根据板块的形状和重心设计，不应少于两个。必要时，应增设吊点。

② 应进行试吊装。

③ 起吊单元板块时，应使各吊点均匀受力，起吊过程应保持单元板块平稳。

④ 吊装过程应采取保护措施，避免装饰面受到磨损和挤压。

⑤ 吊装升降和平移过程中应保持单元板块不摆动，不撞击其他物体。

⑥ 单元板块就位时，应先将其挂到主体结构的挂点上，板块未固定前，吊具不得拆除。

⑦ 实施吊装作业时，起重量不应超过吊具起重量及接料平台的承载能力。

5）固定于主体结构上的连接件（挂座）安装，应符合下列要求：

① 连接件调整完毕后，应及时进行防腐处理。

② 连接件安装允许偏差应符合表 8-1 的规定。

连接件安装允许偏差 表 8-1

序号	项目	允许偏差（mm）	检查方法
1	标高	±1.0（可上下调节时±2.0）	水准仪
2	连接件两端点平行度	≤1.0	钢直尺
3	距安装轴线水平距离	≤1.0	钢直尺
4	垂直偏差（上、下两端点与垂线偏差）	±1.0	钢直尺
5	两连接件连接点中心水平距离	±1.0	钢直尺
6	两连接件上、下端对角线差	±1.0	钢直尺
7	相邻三连接件（上下、左右）偏差	±1.0	钢直尺

6）单元板块安装应按下列规定进行：

① 板块安装前，应对下一层板块的上横框型材进行清洗，并安装好板块接口之间的防水装置，防水装置处应采取密封

措施。

② 安装施工中，严禁用铁锤等敲击板块。

③ 每一板块安装后应进行测量，使幕墙的水平度和垂直度偏差不大于板块相应边长的 1/1000。

7）板块校正和固定应按下列规定进行：

① 单元板块就位后，应及时调整校正。

② 单元板块调整校正后，应及时安装防松脱、防双向滑移和防倾覆装置。采用焊接施工时，应及时对焊接部位进行防腐处理。

③ 单元板块固定后，方可拆除吊具，并应及时清洁单元板块上部型材槽口并采取措施，防止雨水和杂物进入槽内。

④ 按设计要求安装防雷装置、保温层、防火层。防火材料应采用锚钉固定牢固，防火层应平整，拼接处不留缝隙，完成后应进行隐蔽工程验收。幕墙工程安装完毕后，应及时清洁幕墙；清洁时应选用合适的清洁剂，避免腐蚀和污染已安装完毕的幕墙。

8）施工中如果暂停安装，应对板块对插槽口等部位进行保护；已安装完毕的板块进行成品保护。

（6）清洗幕墙

幕墙施工中，人造板材面板应做好成品保护工作，防止油性物质污染石材表面，及时清除会造成腐蚀的粘附物。工程安装完成后，用中性清洁剂清洗人造板幕墙表面，然后用清水及时清洗干净。

（7）竣工验收

1）施工单位应按国家及行业标准的规定向监理、建设单位提供人造板幕墙应检查的所有文件和记录。

2）人造板幕墙安装完毕后，施工单位按商定的检验批对人造板幕墙进行自检，并做好自检记录。

3）监理按规定的检验批会对人造板幕墙进行初检，若提出整改意见，应按监理的整改意见逐条进行整改，重要的整改条款应提出整改报告。

4）配合监理、建设单位等对人造板幕墙进行验收，并签证验收意见。

（四）质 量 标 准

1. 组件组装质量要求

幕墙的安装质量测量检查应在风力小于 4 级时进行，并符合表 8-2、表 8-3 的规定。

构件式人造板材幕墙安装质量　　　　　　表 8-2

序号	项目	尺寸范围	允许偏差（mm）	检查方法
1	相邻立柱间距尺寸（固定端）	—	±2.0	钢直尺
2	相邻两横梁间距尺寸（mm）	≤2000	±1.5	钢直尺
		>2000	±2.0	钢直尺
3	单个分格对角线长度差（mm）	长边边长≤2000	3.0	钢直尺或伸缩尺
		长边边长>2000	3.5	钢直尺或伸缩尺
4	立柱、竖缝及墙面的垂直度（m）	幕墙总高度≤30	10.0	激光仪或经纬仪
		幕墙总高度≤60m	15.0	
		幕墙总高度≤90m	20.0	
		幕墙总高度≤150m	25.0	
		幕墙总高度>150m	30.0	
5	立柱、竖缝直线度	—	2.0	2.0m靠尺、塞尺
6	立柱、墙面的平面度（m）	相邻两墙面	2.0	激光仪或经纬仪
		一幅幕墙总宽度≤20	5.0	
		一幅幕墙总宽度≤40	7.0	
		一幅幕墙总宽度≤60	9.0	
		一幅幕墙总宽度>80	10.0	

序号	项目	尺寸范围	允许偏差（mm）	检查方法
7	横梁水平度（mm）	横梁长度≤2000	1.0	水平仪或水平尺
		横梁长度＞2000	2.0	
8	同一标高横梁、横缝的高度差（m）	相邻两横梁、面板	1.0	钢直尺、塞尺或水平仪
		一幅幕墙幅宽≤35	5.0	
		一幅幕墙幅宽＞35	7.0	
9	缝宽度（与设计值比较）	—	±2.0	游标卡尺

注：一幅幕墙是指立面位置或平面位置不在一条直线或连续弧线上的幕墙。

单元式人造板材幕墙安装质量　　　表 8-3

序号	项目	尺寸范围	允许偏差（mm）	检查方法
1	竖缝及墙面的垂直度（m）	幕墙高度 H	≤10	激光经纬仪或经纬仪
		H≤30	≤15	
		H≤60	≤20	
		H≤90	≤20	
		H≤150	≤30	
2	幕墙平面度		≤2.5	2m靠尺、钢直尺
3	竖缝直线度		≤2.5	2m靠尺、钢直尺
4	横缝直线度		≤2.5	2m靠尺、钢直尺
5	缝宽度（与设计值比）		±2.0	游标卡尺
6	单元间接缝宽度（与设计值比较）		±2.0	钢直尺
7	相邻两组件面板表面高低差		≤1.0	深度尺

序号	项目	尺寸范围	允许偏差（mm）	检查方法
8	同层单元组件标高（m）	宽度≤35	≤3.0	激光经纬仪或经纬仪
		宽度＞35	≤5.0	
9	两组件对插件接缝搭接长度（与设计值比）		±1.0	游标卡尺
10	两组件对插件距离槽底距离（与设计值比）		±1.0	游标卡尺

2. 观感质量要求

（1）瓷板、陶板、微晶玻璃幕墙面板的表面质量应符合 8-4 的规定。

瓷板、陶板、微晶玻璃幕墙面板的表面质量　　　　表 8-4

序号	项目	质量要求			检查方法
		瓷板	陶板	微晶玻璃	
1	缺棱：长度≤10mm，宽度≤1mm（长度＜5mm，不计），周边允许（个）	1	1	1	钢直尺
2	缺角：面积≤5mm×2mm（面积＜2mm×2mm，不计）（处）	1	2	1	钢直尺
3	裂纹（包括隐裂、釉面龟裂）	不允许	不允许	不允许	目测观察
4	窝坑（毛面除外）	不明显	不明显	不明显	目测观察
5	明显擦伤、划伤	不允许	不允许	不允许	目测观察
6	单条长度≤100mm 的轻微划伤	≤2 条			钢直尺
7	轻微擦伤总面积	≤300mm²（面积＜100mm²，不计）			钢直尺

注：表中规定的质量指标是指单块面板的质量要求；目测检查，是指距板面 3m 处肉眼观察。

（2）石材铝蜂窝板面板的表面质量应符合 8-5 的规定。

187

石材铝蜂窝板幕墙面板的表面质量　　　　表 8-5

序号	项目	质量要求	检查方法
1	缺棱	长度≤8mm，宽度≤1mm，周边每米长允许 1 处（长度<5mm，宽度<1mm，不计）	钢直尺
2	缺角	长度≤4mm，宽度≤2mm，每块板允许 1 处（长度<2mm，宽度<2mm，不计）	钢直尺
3	裂纹	不允许	目测
4	色斑	面积≤20mm×30mm，每块板允许 1 处（面积<10mm×10mm，不计）	钢直尺
5	色线ª	长度不超过两端顺延至板边总长的 1/10，每块板允许 2 条（长度<40mm，不计）	钢直尺
6	砂眼ᵇ	不明显	目测观察
7	划伤	不允许	目测观察
8	擦伤	不允许	目测观察

注：a. 此项适用于花岗岩产品。
　　b. 此项适用于砂岩、石灰岩石等产品。

（3）木纤维板幕墙面板的表面质量应符合 8-6 的规定。

木纤维板幕墙面板的表面质量　　　　表 8-6

序号	项 目		质量要求	检查方法
1	缺棱、缺角	装饰面	不允许	目测观察
		非装饰面	长度≤200mm，宽度≤5mm，每块板允许 1 处	钢直尺
2	表面划痕		长度≤10mm，宽度≤1mm，每块板允许 2 条	钢直尺
3	裂纹		不允许	目测观察
4	轻微擦痕		长度≤5mm，宽度≤2mm，每块板允许 1 处	目测观察

注：表中规定的质量指标是指单块面板的质量要求；目测检查，是指距板面 3m 处肉眼观察。

（4）纤维水泥板面板的表面质量应符合 8-7 的规定。

纤维水泥板幕墙面板的表面质量   表 8-7

序号	项　目	质量要求	检查方法
1	裂纹、明显划伤、 长度＞100mm 的轻微划伤	不允许	目测观察
2	轻微划伤	长度≤100mm， 每平方米≤8 条	钢直尺
3	擦伤总面积	每平方米≤500mm^2	钢直尺
4	色差（距面板 3m 处肉眼观察）	不明显	目测观察
5	窝坑（背面除外）	不明显	目测观察

九、全玻璃幕墙安装

全玻璃幕墙本身既是饰面构件，又是承受自身重量及风荷载的承重构件。此种玻璃从室内外看无金属支承骨架，面板材料及结构构件均为玻璃材料。因其多采用大板块玻璃，故幕墙具有很好的通透性。

（一）一 般 规 定

安装要求应满足：

（1）全玻璃幕墙工程中使用的材料必须具备相应的出厂合格证、质保书和检验报告。不合格的构件不得使用。

（2）在主体结构施工时，全玻璃幕墙的预埋件应按设计要求埋设牢固、位置准确。

（3）全玻璃幕墙安装施工的脚手架应完好，障碍物应拆除。

（4）高度超过 4m 的全玻璃幕墙应采用专用吊挂装置悬挂在主体结构上，吊挂装置与主体结构的连接应按设计要求施工。每块玻璃的吊夹应位于同一平面内，吊夹的受力应均匀。

（5）全玻璃幕墙的玻璃宜采用机械吸盘安装，并应采取必要的安全措施。

（6）构件搬运、吊装时，应避免碰撞和损坏，严禁与玻璃发生硬接触。

（7）全玻璃幕墙安装过程中，应随时检测和调整玻璃面板、肋的水平度和垂直度，使幕墙墙面安装平整。每次调整完成后应采取临时固定措施，并在完成注胶后拆除，对胶缝进行修补处理。

（8）全玻幕墙玻璃两边嵌入槽口深度及预留空隙应符合设计要求，深度及空隙大小主要考虑以下因素：

① 玻璃弯曲变形后玻璃不会从槽内拔出，出现脱槽现象。

② 玻璃在平面内伸长时不会触及槽壁，以免变形受损。

③ 玻璃表面与槽口侧壁应留有足够空隙，防止玻璃与其接触导致破损。

（9）全玻璃幕墙玻璃肋的截面厚度不应小于 12mm，截面高度不应小于 100mm。

（二）施工设备、机具与检测仪器

1. 施工设备和机具

脚手架、电焊机、氧乙炔切割器、手电钻、冲击电钻、胶枪、小型切割机、割胶刀、手动玻璃吸盘、活动扳手、吊车、卷扬机、电动玻璃吸盘、手动葫芦等。

2. 检测仪器

经纬仪、水准仪、激光垂准仪、2m 靠尺、卡尺、深度尺、钢卷尺、塞尺、水平尺、膜层测厚仪等。

3. 隐蔽工程验收项目及部位

（1）预埋件或后置埋件。

（2）全玻璃幕墙的吊夹具、悬吊钢结构与主体结构的连接。

（3）玻璃与收口槽间的安装构造。

（4）吊夹悬挂钢结构等隐蔽部位。

（5）幕墙伸缩缝、沉降缝及墙面阴、阳转角构造节点。

（6）全玻璃幕墙伸缩缝、沉降缝及墙面阴、阳转角构造节点。

（7）钢材端口、钢材焊缝的二次防腐。

（8）全玻璃幕墙周边、组合幕墙交接部位以及幕墙内表面与主体结构之间的封堵。

（三）施工安装流程与工艺

1. 工艺流程

施工前准备—悬吊结构的制作、安装—玻璃面板和玻璃肋的安装—玻璃收口钢槽安装—玻璃注胶—清洗幕墙—竣工验收。

2. 施工工艺

（1）施工前准备

1）预埋件检查

① 逐个找出预埋件，清楚埋件表面的覆盖物，并检查预埋件与主体结构结合是否牢固、位置是否正确。

② 楼板、梁（悬挑梁）上的锚定结构预埋件应重点检测其预埋标高和水平位置的偏差。

2）按照复测放线后的轴线和标高基准，严格按全玻璃幕墙安装分格大样图用垂准仪和水准仪进行洞口和分格线的放线测量，设置标高水平基准钢线和玻璃肋垂直基准钢线。

3）检查测量误差。如洞口误差超过图纸规定，应及时向设计人员反映，经设计变更后方可继续施工。

4）全玻璃幕墙安装前，应清洁镶嵌槽；中途暂停施工时，应对槽口采取保护措施。

（2）悬吊结构的制作、安装

悬吊结构是吊挂玻璃面板及玻璃肋并与建筑主体结构相连接的组件，悬吊结构一般由型钢拼焊而成，其不仅要承受玻璃及玻璃肋板的重量，还要承受玻璃及玻璃肋板传递的部分水平荷载（图 9-1）。

1）悬吊结构的制作

① 根据设计要求，对组成悬吊结构的钢材进行下料。

② 按图纸要求制作所需的钢结构。

2）悬吊结构的安装

① 按照设计要求和基准钢线，安装悬吊钢结构及下部支撑

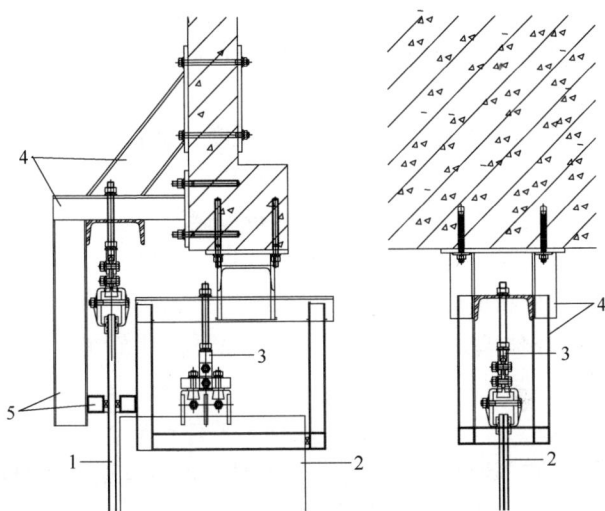

图 9-1　吊挂玻璃节点构造示意

1—玻璃面板；2—玻璃肋板；3—肋板玻璃吊夹；

4—悬吊钢结构；5—水平传力钢构

钢（槽）横梁。

② 安装悬吊钢结构：悬吊钢结构与主体结构的连接应符合设计要求，悬吊钢结构与主体结构采用膨胀螺栓连接的，应通过拉拔试验确定其承载力。

③ 安装钢横梁：悬吊钢结构下安装吊夹螺杆的钢横梁中心线与幕墙中心线应一致，钢横梁上螺栓孔的中心与设计吊夹螺杆的位置应一致。钢横梁与悬吊钢结构的连接应牢固。

④ 防腐处理：焊缝、外露埋板及钢结构表面均应进行防腐处理，涂刷防锈油漆。

3）吊夹具的安装

① 根据设计要求和图纸位置用螺栓将玻璃吊夹与预埋件或上部悬吊钢结构连接，吊夹与玻璃底槽的中心位置应对应。

② 吊夹与钢横梁间通过吊杆螺栓连接，螺母与螺杆间应有防松措施。吊夹安装位置必须稳固，应防止产生永久变形。吊夹

应先临时固定在横梁上，然后重新放线，调整所有吊夹。

③ 吊夹位置校正准确后，立即进行最终固定，以保证安装质量。

④ 测量检验悬吊结构的整体平面度、垂直度、水平度，调整到满足精度要求，并最终固定悬吊结构。

⑤ 隐蔽工程验收合格后方可进行玻璃面板安装。

（3）玻璃面板和玻璃肋的安装

玻璃面板和玻璃肋的安装应符合下列规定：

1）检查玻璃质量，清洁玻璃表面，标注好玻璃板块中心位置。

2）全玻璃幕墙玻璃面板安装前，清洁玻璃收口钢槽内的泥土等杂物，底部玻璃收口钢槽内应在玻璃面板及玻璃肋面宽距边部1/4位置处衬垫两个氯丁橡胶垫块。

3）全玻璃幕墙玻璃面板和玻璃肋的安装过程中，应随时检测和调整玻璃面板、肋的水平度和垂直度，使墙面安装平整。每块玻璃的吊夹应位于同一平面，吊夹的受力应均匀。

4）全玻璃幕墙玻璃两边嵌入槽口深度及预留空隙应符合设计要求，左右空隙尺寸宜相同。

5）全玻璃幕墙的玻璃宜采用机械吸盘安装，并应采取必要的安全措施：使用电动吸盘吊运玻璃面板时，电动吸盘必须定位，左右对称，且应略偏玻璃中心上方，保证吊起的玻璃不偏斜、抖动。吊运时应先试起吊，先将玻璃调离地面20～30mm，检查各个吸盘是否都牢固吸附玻璃。在玻璃适当位置安装手动吸盘、拉缆绳索和侧边保护胶套，吊装过程中用手动吸盘和拉缆绳索协助玻璃就位。移动玻璃面板时，防止玻璃升降式碰撞悬吊钢架和相邻板块玻璃，在下放玻璃时，应随时调整玻璃面板角度，使其能被放入底部钢槽内，避免玻璃底端与玻璃收口钢槽磕碰。

6）玻璃定位：调节吊夹螺杆，使玻璃提升和正确就位，玻璃就位后要检查玻璃的垂直度，使其符合设计要求。

7）按设计位置尺寸编号安装玻璃，并对玻璃进行上下左右微调，使胶缝宽度达到设计要求。对于较长、较大的全玻璃幕墙，左右玻璃面不平整时，注胶前，中部可加夹板固定。调整完毕后，用硅酮密封胶进行固定，然后注胶。

8）全玻璃幕墙的玻璃周边与建筑内外装饰物质检的缝隙应采用柔性材料嵌缝。

9）全玻璃幕墙的玻璃厚度不宜小于 10mm；夹层玻璃单片厚度不应小于 8mm。

10）采用金属件连接的玻璃肋，其连接金属件的厚度不应小于 6mm。连接螺栓宜采用不锈钢螺栓，其直径不应小于 8mm。连接接头应能承受截面的弯矩设计值和剪力设计值。接头应进行螺栓受剪和玻璃孔壁承压计算，玻璃验算应取侧面强度设计值。

（4）玻璃收口钢槽安装

1）按设计要求将墙趾的 U 形玻璃收口钢槽固定在地梁预埋件上，收口槽与埋板间一般采用角钢焊接连接，位置应准确，应采用双面支承，位置在玻璃分格间距 1/4 处（图 9-2）。

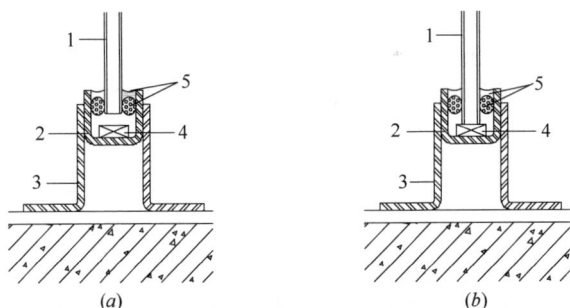

图 9-2　玻璃收口槽构造示意
（a）吊挂式底部收口槽构造；（b）座地式底部收口槽构造
1—玻璃面板；2—U 形玻璃收口槽；3—角钢连接件；
4—氯丁橡胶垫块；5—泡沫棒与密封胶

收口槽内按设计要求在分格间距 1/4 处放置长度不小于 100mm、厚度不小于 10mm 的橡胶垫块。当幕墙玻璃就位并调整位置符合要求后，在收口槽两侧嵌入泡沫棒并注密封胶，在室外一侧宜安装不锈钢披水板。

对于分段安装的玻璃收口钢槽，在安装时应调整好安装位置，焊接时应采取有效措施，避免或减少焊接变形。

安装玻璃收口槽连接角钢，临时固定收口槽，根据水平和标高控制线调整好钢槽的水平及高低位置，检查合格后进行焊接固定。

玻璃收口槽安装位置校正准确后，应立即进行最终固定以保证玻璃收口槽的安装质量。安装完成后，焊缝、外露埋板及型钢表面均应进行防腐处理。

2）按设计要求将墙趾的 U 形玻璃收口钢槽固定在洞口预埋件上。当幕墙在洞口断开时，U 形槽与主体建筑之间存在很大缝隙，应采用金属板进行收边。由于密封胶与主体建筑的梁、柱不相容，洞口收边后，为防止雨水渗漏，应在 U 形槽与主体建筑之间的缝隙加注发泡剂密封。

3）全玻璃幕墙的周边收口槽壁与玻璃面板或玻璃肋的空隙、吊挂玻璃下端与下槽底的空隙应满足玻璃伸长变形的要求；玻璃与下槽底应采用弹性垫块支承或填塞，垫块长度不宜小于100mm，厚度不宜小于 10mm；槽壁与玻璃之间应采用硅酮建筑密封胶密封。

4）吊挂式全玻璃幕墙的吊夹与主体结构间应设置刚性水平传力结构。

5）全玻璃幕墙的板面不得与其他刚性材料直接接触。板面与装修面或结构面之间的空隙不应小于 8mm，且应采用密封胶密封。

（5）玻璃注胶

1）胶缝要求

① 采用胶缝传力的全玻璃幕墙，其胶缝必须采用硅酮结构密封胶。

② 玻璃自重不宜由结构胶缝单独承受。

③ 幕墙玻璃之间的拼接胶缝宽度应能满足玻璃和胶的变形

要求，且不宜小于 10mm。

2）注胶工艺

① 清洁胶缝。采用双布净化法，将丙酮或二甲苯溶剂倒在一块干净小布上，单向擦拭玻璃胶缝。并在溶剂未挥发前，再用另一块干净小布将溶剂擦拭干净。用过的棉布不能重复使用，应及时更换。

② 在接缝间隙两边贴保护胶纸（美纹纸）。全玻璃幕墙胶缝的直线度与保护胶纸粘贴的直线度是一致的，因此，必须严格遵循保护胶纸的粘贴工艺。

③ 胶缝注胶。注胶时，应在玻璃两边同时自上至下进行注胶，保持胶体的连续性，防止气泡和夹渣。一旦发现气泡应挖掉重注。

④ 刮平。刮胶时应在玻璃两边同时自上至下进行刮胶，为了增加胶缝弹性，胶缝表面宜成凹面弧形，凹面深度应小于 1mm。

⑤ 表面清理。注胶结束后，应及时撕去保护胶纸，将废保护胶纸放入容器内，不得随地乱丢。被污染的玻璃表面，应用刮刀清理。

（6）清洗幕墙

幕墙施工中，对玻璃板块表面会造成腐蚀的粘附物等应及时清除。工程安装完成后，用中性清洁剂清洗幕墙表面，然后用清水将幕墙表面及时清洗干净。

（7）竣工验收

1）施工单位应按相关行业标准规定向监理提供全玻璃幕墙验收时应检查的所有文件和记录。

2）施工单位对全玻璃幕墙进行自检，并做好自检记录。

3）监理对全玻璃幕墙进行初检，提出整改意见。

4）施工单位应按监理对全玻璃幕墙的整改意见逐条进行整改，重要的整改条款应提出整改报告。

5）监理对全玻璃幕墙进行验收，并签证验收意见。

（四）质 量 标 准

（1）全玻璃幕墙安装的质量标准应符合下列规定：

1）幕墙玻璃与主体结构连接处应嵌入安装槽口内，玻璃与槽口的配合尺寸应符合设计和规范要求，其嵌入深度不应小于18mm。

2）玻璃与槽口间的空隙应有支承垫块和定位垫块。其材质、规格、数量和位置应符合设计和规范要求。不得使用硬性材料填充固定。

3）玻璃肋的宽度、厚度应符合设计要求。玻璃结构密封胶的宽度、厚度应符合设计要求，并应嵌填平顺、密实，无气泡、不渗漏。

4）单片玻璃高度大于4m时，使用吊夹悬挂。吊挂式全玻璃幕墙悬吊结构安装质量标准应符合表9-1的规定。

悬吊结构安装质量允许偏差 　　　　　　　　表9-1

序号	项目	尺寸范围	允许偏差	检查方法
1	预埋件	标高	±10mm	2m 靠尺
		位置（平面）	±20mm	
2	上锚墩	标高	±1.0mm	2m 靠尺
		位置（平面）	±1.0mm	角度尺
		角度	±15′	
3	地锚（筋板孔、筋板）	标高	±1.0mm	2m 靠尺
		位置（平面）	±1.0mm	

① 对悬吊结构的原材料应按国家标准进行验收，逐根进行外观检查并做好记录。

② 对悬吊结构焊接质量进行检测并做好记录。

③ 检查悬吊结构的上部支承中心线与下部支承中心线的误差。

（2）全玻璃幕墙玻璃面板安装质量允许偏差见表 9-2。

全玻璃幕墙施工质量要求　　　　　表 9-2

序号	项目		允许偏差	检查方法
1	幕墙平面垂直度	幕墙高度（m）	10mm	经纬仪或激光垂准仪
		高度≤30		
		30＜高度≤60	15mm	
		60m＜高度≤90	20mm	
		高度＞90	25mm	
2	幕墙平面度		2.5mm	2m 靠尺、钢板尺
3	竖缝直线度		2.5mm	2m 靠尺、钢板尺
4	横缝直线度		2.5mm	2m 靠尺、钢板尺
5	线缝宽度（与设计值比较）		±2.0mm	卡尺
6	两相邻面板质检的高低差		1.0mm	深度尺
7	玻璃面板与肋板夹角与设计值偏差		≤1°	量角器

1）对玻璃的材料应按国家标准进行检查、验收并做好记录。

2）对玻璃的加工尺寸、磨边、安装孔的位置偏差、精度及研磨质量进行检查。

3）对玻璃平整度及表面缺陷、掉角、划痕等进行检查并记录。

4）对玻璃接缝宽度、平直度、高差进行检测并做好记录。

十、玻璃采光顶及斜玻璃幕墙安装

采光顶是由透光面板与支承体系组成，不分担主体结构所受作用且与水平方向夹角小于 75°的建筑维护结构。透光面板可以是玻璃，也可以选择聚碳酸酯板等其他透光材料，按支承形式，采光顶可分为框支承采光顶和点支承采光顶（图 10-1）。

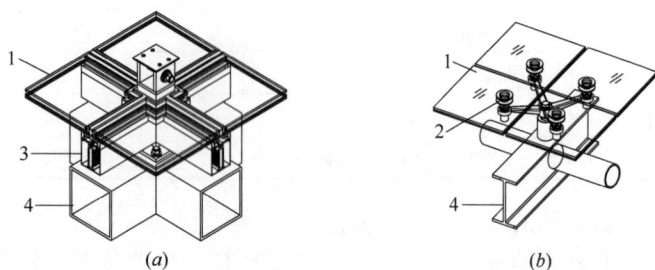

图 10-1 采光顶分类示意

（a）框支承采光顶；（b）点支承采光顶

1—玻璃；2—支承结构；3—框架；4—主体结构

框支承采光顶：在主体结构上安装框架和透光面板所组成的采光顶。

点支承采光顶：由面板、点支承装置或支承结构构成的采光顶。

（一）一 般 规 定

（1）玻璃采光顶及斜玻璃幕墙宜采用框支承和点支承结构形式。

（2）两边支承的框支承玻璃采光顶，应支承在玻璃的长边。

（3）屋面玻璃必须使用安全玻璃；当屋面玻璃最高点离地面大于 6m 时，必须使用夹层玻璃；用于屋面玻璃采光顶的夹层玻璃，夹层胶片厚度不应小于 0.76mm。

（4）采用浮头式连接件的点支承幕墙玻璃厚度不应小于 6mm，采用沉头式连接件的点支承幕墙玻璃厚度不应小于 8mm；安装连接件的夹层玻璃和中空玻璃，其单片厚度也应符合上述要求。玻璃之间的空隙宽度不应小于 10mm，且应该采用硅酮建筑密封胶嵌缝。

（5）玻璃采光顶及斜玻璃幕墙用钢材应符合现行国家标准的规定，并根据建筑设计要求和相应产品标准做好表面处理。

（6）玻璃采光顶及斜玻璃幕墙用不锈钢应采用奥氏体不锈钢材，其技术要求和性能应符合现行国家标准的规定。

（7）玻璃采光顶及斜玻璃幕墙的预埋件位置偏差过大或未设预埋件时，应制定补救措施或可靠连接方案，经业主、监理、建筑设计单位洽商同意后方可实施。

（8）采用新材料、新工艺、新结构的玻璃采光顶及斜玻璃幕墙，宜在现场制作样板，经业主、监理、建筑设计单位共同认可后方可进行安装施工。

（9）由于主体结构施工偏差过大或妨碍玻璃采光顶及斜玻璃幕墙施工安装时，应会同业主和土建承包方采取相应措施，并在采光顶和幕墙安装前实施。

（10）玻璃采光顶及斜玻璃幕墙采用圆钢管结构时，圆管的交贯线应采用等离子仿形切割加工。立柱安装误差不得累积，安装初步定位后应自检，并进行调整。立柱安装轴线偏差不应大于1.5mm；相邻两根立柱安装标高偏差不应大于 2mm。立柱安装就位、调整后应及时固定。

（11）采用点支承玻璃采光顶时，横向构件是安装驳接爪转接件的主要部件，应严格控制水平标高和分格尺寸。为实现屋面排水，应严格控制中部驳接爪转接件的高度。安装完成后应进行自检、调整，使其符合安装质量要求。

（12）玻璃安装前应进行检查，并将表面尘土和污染物擦拭干净。采用镀膜玻璃时，应将镀膜面朝向室外。

（13）玻璃采光顶及斜玻璃幕墙安装完毕后应首先进行自检，合格后报验。

（14）玻璃采光顶及斜玻璃幕墙的主框构件与连接件如果是不同金属，其接触面应采用隔离垫片。

（15）当斜面与水平面夹角大于75°时，对玻璃性能的要求与竖直幕墙相同。当斜面与水平面夹角小于或等于75°，且达到下列条件之一时，必须采用安全玻璃。安全玻璃应置于中空玻璃内侧：玻璃面积大于 $1.5m^2$；玻璃中部距室内地面大于 3m。

（16）玻璃雨篷、玻璃过道等玻璃构筑物可参照玻璃采光顶及斜玻璃幕墙的安装工艺执行。

（17）在活动场所设置的玻璃桥应根据承载量专门设计。

（二）施工设备、机具与检测仪器

1. 施工设备和机具

脚手架、电焊机、等离子切割机、型材切割机、手电钻、冲击电钻、螺丝刀、胶枪、割胶刀、电动自攻螺钉钻、射钉枪、手动玻璃吸盘、活动扳手、吊车、卷扬机、电动玻璃吸盘、手动葫芦等。

2. 检测仪器

经纬仪、水准仪、激光垂准仪、2m 靠尺、卡尺、深度尺、钢卷尺、钢板尺等。

（三）施工安装流程与工艺

1. 工艺流程

测量放线—钢结构安装—玻璃采光顶及斜玻璃幕墙主、横梁构件安装和不锈钢驳接件安装—玻璃面板安装—幕墙收边收口—

清洗幕墙—竣工验收。

2. 施工工艺

（1）测量放线

1）检查预埋件

① 逐个找出预埋件，清除埋件表面的覆盖物，应重点检测预埋件与主体结构结合是否牢固，以及预埋标高和水平位置的偏差。

② 屋面、梁（悬挑梁）上的预埋件应重点检测其预埋标高，地锚预埋件应重点检测标高以保证地锚底板面上的地坪装饰层厚度满足要求。

2）按照复测放线后的轴线和标高基准，严格按玻璃采光顶及斜玻璃幕墙节点图并用垂准仪和水准仪进行空间结构的放线测量，设置标高水平基准钢线和垂直基准钢线。

3）检查测量误差。如误差超过图纸规定，应及时向设计人员反映，经设计变更后方可继续施工。

（2）钢结构安装

1）钢结构安装过程中，制孔、组装、焊接和涂装等工序均应符合国家现行标准《钢结构工程施工质量验收规范》GB 50205—2001 的有关规定。

2）钢结构制作过程中应考虑根据跨度向上预变形和坡水，其向上预变形的变形量和坡水方向及坡水角度应符合设计要求。

3）大型钢结构构件应做吊点设计，并应试吊。

4）钢结构安装就位后应及时调整，调整后的平面度、垂直度、水平度、坡水方向及坡水角度应达到和满足设计要求，并及时紧固以及隐蔽工程验收。支承结构安装允许偏差应符合相关国家及行业标准的规定。

5）钢结构在运输、存放和安装工程中损坏的涂层以及未涂装的安装连接部位，应按国家现行标准《钢结构工程施工质量验收规范》GB 50205—2001 的有关规定补涂和涂装。

（3）玻璃采光顶及斜玻璃幕墙主、横梁构件安装和不锈钢驳接件安装

1）严格按玻璃采光顶及斜玻璃幕墙节点图分中定位，检查测量误差。如误差超过图纸规定，应及时向设计人员反映，经设计变更后方可继续施工。

2）按钢结构上确定的幕墙位置在钢结构上安装玻璃采光顶及斜玻璃幕墙主、横梁构件和不锈钢驳接件，测量和调整主、横梁构件及驳接件中心的整体平面度、垂直度、水平度、坡水方向及坡水角度，安装质量应满足精度要求，最终将主、横梁构件和驳接件的转接件固定（或焊接）在钢结构上。

3）复查主、横梁构件或驳接件紧固后的安装精度。

（4）玻璃面板安装

1）隐蔽工程验收合格后方可进行玻璃采光顶和斜玻璃幕墙玻璃面板的安装。

2）按玻璃尺寸编号安装玻璃。如为点支承玻璃，根据每块玻璃上不同孔的形状，小孔固定玻璃，并通过大孔对玻璃进行微调，调整到位后，用沉（浮）头连接件与驳接件进行固定连接，最后清洁胶缝并注胶。

3）注胶工艺如下。

① 清洁胶缝。采用双布净化法擦拭玻璃胶缝。用过的棉布不能重复使用，应及时更换。

② 在接缝间隙两边贴保护胶纸（美纹纸）。必须严格遵循保护胶纸的粘贴工艺。

③ 胶缝注胶。采用点支承玻璃采光顶及斜玻璃幕墙时，应分两次注胶：先用胶带将室内侧胶缝封上，在顶部进行注胶。初步固化后将室内侧胶带撕掉，在室内侧进行注胶。注胶时应保持胶体的连续性，防止气泡和夹砂。一旦发现气泡应挖掉重注。

④ 刮平。为了增加胶缝弹性，胶缝表面宜成凹面弧形，凹面深度应小于 1mm。

⑤ 表面清理。注胶结束后，应及时撕去保护胶纸，将废弃保护胶纸放入容器内，不得随地乱丢。被污染的玻璃表面，应用刮刀清理。

⑥ 检查胶缝外观质量并记录。

⑦ 玻璃坡度应符合设计要求，如果坡度不够，应调节驳接件，使玻璃面板向上顶起，确保板面无积水。

（5）幕墙收边收口

1）屋面采用自然排水时，采光顶基础应高出屋面 250～300mm，采光顶玻璃应伸出基础 100～150mm，立面用玻璃或金属板密封。底口用金属板封住，并注密封胶。由于采光顶室内外都是装饰面，收边时，应在室内侧加衬一块同样大小的金属内板，并使内板的正面朝向室内。

2）屋面采用天沟排水时，天沟宜用与密封胶相容的不锈钢材料制造，天沟与采光顶之间宜用金属板收边，并注密封胶。如主体建筑已设天沟，天沟的有效深度应不小于 250～300mm，排水管的有效排水量应大于降水量，保证特大暴雨时，天沟不会溢出雨水。在采光顶与天沟之间，宜采用金属板收口，金属板与天沟之间应预留 20～25mm 缝隙，翻边向下大于 50mm，在上下口注密封胶。由于密封胶与主体建筑的天沟不相容，为了防止雨水渗漏，应在天沟与金属板之间的缝隙加注聚氨酯发泡剂密封。

3）相关分部分项工程的收口。如果相关分部分项工程安装需要在玻璃采光顶及斜玻璃幕墙上开口，为防止雨水渗漏，除在开口处注密封胶外，还应在伸出玻璃采光顶及斜玻璃幕墙的安装杆上加装高 20mm 的套管，并在套管与幕墙接触处和套管内加注密封胶。

（6）清洗幕墙

玻璃采光顶及斜玻璃幕墙施工中，对幕墙板块表面会造成腐蚀的粘附物等应及时清除。工程安装完成后，用中性清洁剂清洗幕墙表面，然后用清水将幕墙表面及时清洗干净。

（7）竣工验收

1）施工单位应按相关行业标准规定向监理提供玻璃采光顶及斜玻璃幕墙应检查的所有文件和记录。

2）施工单位对玻璃采光顶和斜玻璃幕墙进行自检，并做好自检记录。

3）监理对玻璃采光顶和斜玻璃幕墙进行初检，提出整改意见。

4）施工单位应按监理的整改意见逐条进行整改，重要的整改条款应提出整改报告。

5）监理对玻璃采光顶和斜玻璃幕墙进行验收，并签证验收意见。

（四）质 量 标 准

（1）采光顶幕墙玻璃面板安装质量允许偏差见表10-1。

采光顶幕墙玻璃面板安装质量允许偏差 表 10-1

序号	项目	尺寸范围	允许偏差	检查方法
1	相邻两玻璃平面高低差		1.0mm	塞尺
2	胶缝直线度		2.5mm	2m靠尺、钢板尺
3	竖缝及墙面垂直度	高度≤30m	10.0mm	经纬尺
		30m＜高度≤50m	15.0mm	
4	胶缝宽度（与设计值比）		±2mm	卡尺
5	平面度		2.5mm	2m靠尺、钢板尺

（2）质量控制要点

1）对钢材原材料按国家标准进行验收，进行强度复查，并逐根进行外观检查并记录。

2）检查钢结构的垂直度、标高及水平度。

3）钢结构安装完成后，检查钢结构整体平面度、上挠度。

4）对玻璃的材料按国家标准进行验收，检查并记录。

5）对玻璃的加工质量（尺寸、磨边、安装孔的位置偏差、精度及研磨等）进行检查。

6）对玻璃平整度及表面缺陷（缺棱、掉角、划痕等）进行检查并记录。

7）对玻璃接缝宽度、平直度、高低差等偏差进行检测并记录。

8）检查驳接件的紧固程度。

十一、幕墙安装安全技术

（一）一　般　规　定

（1）幕墙安装施工施工应符合现行行业标准《建筑施工高处作业安全技术规范》JGJ 80—2016、《建筑机械使用安全技术规程》JGJ 33—2012、《施工现场临时用电安全技术规范》JGJ 46—2005、《建筑施工安全检查标准》JGJ 59—2011 的规定，还应遵守施工组织设计中确定的其他各项要求。

（2）依据住房和城乡建设部 2018 年 3 月发布的《危险性较大的分部分项工程安全管理规定》（住建部令第 37 号）及《关于实施＜危险性较大的分部分项工程安全管理规定＞有关问题的通知》（建办质〔2018〕31 号）中的相关规定，对于施工高度 50m 及以上的建筑幕墙安装工程等危险性较大的分部分项工程及施工中采用非标准架设的吊篮和搭设高度 50m 及以上落地式钢管脚手架工程，应在编制施工组织（总）设计的基础上，针对危险性较大的分部分项工程单独编制安全技术措施文件。施工单位应当组织专家对专项方案进行论证，施工单位应当根据论证报告修改完善专项方案，并经施工单位技术负责人、项目总监理工程师、建设单位项目负责人签字后，方可组织实施。

（3）施工单位应当在施工组织设计中编制施工现场临时用水、用电方案，对幕墙施工的脚手架工程、起重吊装工程等危险性较大的分部分项工程编制专项施工方案，并附具安全验算结果，经施工单位技术负责人、总监理工程师签字后实施，由专职安全生产管理人员进行现场监督。

（4）幕墙工程施工前，作业班组、作业人员应接受施工单负责项目管理的技术人员对安全施工的技术要求做出的详细说明，并由双方签字确认。

（5）幕墙工程的作业班组、作业人员应接受幕墙工程施工单位提供的安全防护用具和安全防护服装，熟悉并掌握危险岗位的操作规程和违章操作的危害。

（6）幕墙工程的作业班组、作业人员应当遵守安全施工的强制标准、规章制度和操作规程，正确使用安全防护用具、机械设备等，并应遵守建设单位、监理单位、总包单位、幕墙施工单位在施工现场危险部位设置的明显的安全警示标识。

（7）对施工单位采购、租赁的安全防护用具、机械设备、施工机具及配件，应当在使用前检查是否具有生产（制造）许可证、产品合格证。施工现场的安全防护用具、机械设备、施工机具及配件必须由专人管理，定期进行检查、维修和保养，建立相应的档案资料，并按照国家有关规定及时报废。

（8）幕墙工程的作业班组、作业人员应接受施工现场配备专职安全生产管理人员对安全生产进行的现场监督检查。对于在施工安装过程中发现的安全事故隐患，应当及时向项目负责人和安全生产管理机构报告。对于违章指挥、违章操作的，应立即制止。

（9）幕墙工程的作业班组、作业人员进入新的岗位或者新的施工现场前，应当接受安全生产教育培训，其教育培训情况记入个人工作档案。未经教育培训或者教育培训考核不合格的作业人员，不得上岗作业。施工单位在采用新技术、新工艺、新材料、新设备时，应当对作业人员进行相应的安全生产教育培训。

（10）当高层建筑的玻璃幕墙安装与主体结构施工交叉作业时，在主体结构的施工层下方应设置防护网；在距离地面约 3m 高度处，应设置挑出宽度不小于 6m 的水平防护网。

（11）施工中使用的溶剂、密封材料、结构胶等标签应清楚，由专人保管，施工中应注意沾有溶剂的手不要接触眼睛等要害部位，防止中毒。

（12）施工现场应由专职安全员进行定时监督和检查，严禁非作业人员随意出入幕墙作业现场。

（13）遇上 6 级以上大风及大雾、大雨时，不得进行幕墙外侧安装、检查、保养和维修工作。

（14）冬期施工时必须采取严格的防冻、防滑措施。

（二）劳动保护与消防安全

（1）幕墙安装工程中应正确使用安全帽、安全带、防护网。安全带应高挂低用，不可将绳打结使用，也不可将挂钩直接挂在安全绳上使用，应挂在连接环上使用。

（2）凡从事带电作业的人员，必须穿绝缘鞋、戴绝缘手套，防止发生触电事故。

（3）幕墙构件、配件加工、安装过程中从事电气焊作业的人员，应穿绝缘鞋和施工护目镜及防护面罩。从事有尘、有毒、噪声等有害作业的人员，需要佩戴防尘、防腐口罩和防噪声耳塞等防护用品。

（4）操作旋转机械的人员，应穿"三紧"（袖口紧、下摆紧、裤脚紧）工作服；不可戴手套、围巾。

（5）幕墙工程施工现场应按防火规范要求制定用火、用电、施工易燃易爆材料等各项消防安全管理制度和操作规程，设置消防通道、消防水源，配备消防设施和灭火器材。

（6）施工现场消防器材处应设置明显标识，夜间设红色警示灯，消防器材需垫高放置，周围 3m 内不允许存放任何物品。

（7）焊、割作业不可与油漆、喷漆、木料加工等易燃、易爆作业同时上下交叉进行。高处焊接下方应设有专人监护，中间应有防护隔板。

（8）每日作业完毕或焊工离开现场时，必须确认用火已熄灭，周围已无隐患，电闸已拉下，方可离开。

（9）施工现场明火作业，操作前必须办理动火证，经有关部门（负责人）批准，做好防护措施并派专人监护后，方可操作。

（10）高处进行电焊等动火作业时，作业人员应填写三级动火许可证，经项目专职安全员批准后方可施工；动火作业现场应按规定设置接火斗和灭火器，并由专职防火监护员进行监护，防止发生火灾等重大事故。施工现场高空焊接作业时，在焊接件下应设置接火斗。

（三）幕墙安装安全技术

1. 一般技术条件

（1）注胶时应防止胶液接触脸部和眼睛。注胶场所应严禁烟火。

（2）应对施工现场的吊装设备、机械设备、电气设备、吊篮和脚手架等进行定期检查，并制定完善齐全的安全台账。

（3）施工安装机具在使用前，应进行严格的检查。电动工具应进行绝缘电压试验；玻璃吸盘及玻璃吸盘机应进行吸附重量和吸附持续时间试验。

（4）构件安装前，搬运组的工人应将加工好的构件用施工电梯搬运至各个楼层，不允许用吊篮运输；各个楼层用的构件应按指定位置堆放整齐，立柱芯套的尖角应靠墙或立放，以免尖角伤人。

（5）单元组件、构件存放的场地应平整坚实；单元组件和构件叠放时，必须用方木稳固垫平，不可超高；单元组件和构件的立放必须稳定，必要时要设置相应的支撑；禁止无关人员在堆放的单元组件和构件中穿行，防止倒塌伤人事故。

（6）立柱安装时必须由两人同时操作，一人扶持，一人电焊；不得单人操作，一手扶持，一手电焊，以免因固定不牢固发生立柱从高空滑落的重大事故。

（7）横梁安装时，应用梯子或其他支架在室内安装，不允许用已装好的横梁做支架。

（8）玻璃板块安装时，应预先检查玻璃吸盘的可靠度。

（9）单元式幕墙板块合缝时，禁止用手指插入缝内试测。

2. 现场焊接安全

（1）焊接时应严格遵守焊工操作规程：

1）电焊机进场前应经有关部门组织进行检查验收并记录存在问题及改正结果，确认合格。

2）按照电气的规定，设备外壳应做保护接零（接地），开关箱内装设漏电保护器。

（2）关于电焊机二次侧安装空载降压保护装置问题：

1）交流电焊机实际上是一台焊接变压器，由于一次线圈与二次线圈相互绝缘，所以一次侧加装漏电保护器后，并未减轻二次侧的触电危险。

2）二次侧具有低电压、大电流的特点，以满足焊接工作的需要。二次侧的工作电压只有 20 多伏，但为了引弧的需要，其空载电压一般为 $45\sim80V$（高于安全电压），所以要求电焊工人戴帆布手套、穿胶底鞋，防止电弧熄灭和换焊条时，发生触电事故。

3）弧焊变压器应有空载降压保护装置和防触电装置。

4）一次线安装的长度以尽量不拖地为准（一般不超过 3m），焊机尽量靠近开关箱，一次线外宜穿管保护，与焊机接线柱连接后，上方应设防护罩防止意外接触。

5）焊把线长度一般不超过 30m，并不可有接头。

6）电焊机一般容量都比较大，不应采用手动开关。露天使用的焊机应设置在地势较高、地面平整的地方且有防雨措施。

7）不得乱拉电线，不得将电线绕在刚架上，闸刀开关要设防护罩和过载保护装置，作业结束后要及时关闭电源。

8）用氧、乙炔切割工件时，应检查胶管是否漏气、切割嘴有无堵塞情况，发现故障应及时排除。氧气瓶严禁靠近易燃、易爆物品，防止碰撞和暴晒。确认安全后方能施工作业。

3. 临时用电安全

施工现场的临时用电应符合下列要求：

（1）施工现场临时用电使用的橡胶电缆，应架空敷设，不得拖地使用，以防人踩、车轧。地面有水时需将电源电缆用钢索架起，防止浸水造成事故。电缆接头必须按规定操作，包扎严密、牢固、绝缘可靠。

（2）施工现场所使用的电气设备、电工机具等绝缘必须良好，接头不可裸露。

（3）施工现场的每台用电设备都应有专用的开关箱，箱内闸刀（开关）及漏电保护器只能控制一台设备，不能同时控制两台或两台以上的设备。

（4）现场的电动机械设备，作业前必须按规定进行检查、试运转；作业完后，拉闸断电，锁好开关箱，防止发生意外事故。

（5）开关箱应防雨、防尘，与其控制的固定电气设备的距离应不超过 3m；开关箱内不允许存放任何物品，防止误操作造成事故；开关箱周围不允许堆放杂物，并应有可供两人同时操作的空间和通道。

（6）施工现场的所有电气设备必须安装漏电保护器。漏电保护器应安装在电气设备负荷侧。

4. 手持式电动工具安全

操作手持式电动工具应符合下列要求：

（1）工具使用前，应经专职电工检验接线是否正确，防止零线与相线错接造成事故。长期搁置不用或受潮的工具在使用前，应由电工测量绝缘电阻是否符合要求。

（2）工具自带的软电缆或软线不得接长，当电源与作业场距离较远时，应采用移动电闸箱解决。

（3）发现工具外壳、手柄破裂时，应停止使用，并进行更换。非专职人员不得擅自拆卸和修理电动工具。

（4）手持式电动工具的旋转部件应有防护装置。电源处应装有漏电保护器。

（5）作业人员应按规定穿戴绝缘防护用品（绝缘鞋、绝缘手套等）。

5. 吊篮安全

使用吊篮进行幕墙安装施工时，应遵守吊篮安全操作规程：

（1）使用吊篮应结合工程情况编制施工方案。方案中必须对阳台及建筑物转角处等特殊部位的挑梁、吊篮位置予以详细说明，并绘制施工详图。

（2）吊篮的设计、制作应符合国家有关标准和规定。当使用厂家生产的产品时，应有产品合格证书及安装、使用、维护说明书等有关资料。

（3）吊篮安装、拆除和使用之前，由施工负责人按施工方案要求，进行详细交底、分工并确定指挥人员。

（4）悬挑梁挑出长度应使吊篮钢丝绳垂直地面，并在挑梁两端分别用纵向水平杆将挑梁连成整体。挑梁必须与建筑结构连接牢靠；当采用配重时，应确认配重的重量，并有固定措施，防止配重产生位移。

（5）吊篮提升机应符合国家有关标准和规定，并应有产品合格证及使用说明书，在投入使用前应逐台进行动作检验，并按批量做荷载试验。

（6）吊篮的保险卡、安全锁、行程限位器等安全装置应齐全、可靠。

（7）应有下列保险措施：

1）钢丝绳与悬挑梁的连接应有防止钢丝绳受剪措施。

2）钢丝绳与吊篮平台连接应使用卡环。当使用吊钩时，应有防止钢丝绳脱出的保险装置。

3）在吊篮内作业人员应配安全带，不应将安全带系挂在提升钢丝绳上，防止提升绳断开。

4）吊篮应另设安全绳，不允许使用无安全绳的吊篮。

（8）吊篮的升降操作应符合下列要求：

1）吊篮升降作业应由经过经培训合格的人员专门操作，非操作人员不得乱开乱动。

2）吊篮升降作业时，非升降操作人员不得停留在吊篮内；在吊篮升降到位固定之前，其他作业人员不允许进入吊篮内。

3）单片吊篮升降（不多于两个吊点）时，可采用手动葫芦，两人协调动作控制防止倾斜；当多片吊篮同时升降（吊点在两个以上）时，必须采用电动葫芦，并有控制同步升降的装置。

4）吊篮沿建筑物滑动时，应设护墙轮。升降过程中不得碰撞建筑物，临近阳台、洞口等部位，可设专人推动吊篮，升降到位后，吊篮必须与建筑物拉牢固定。

5）吊篮上下作业时，速度应缓慢，并设专人扶持，不允许操作员一面开着吊篮，一面进行扶持，以免吊篮刮掉幕墙构件或发生吊篮倾覆事故。

6）吊篮与建筑物水平距离（缝隙）不应大于200mm，当吊篮晃动时应及时采取固定措施，人员不得在晃动中继续工作。

7）不使用吊篮时，应将吊篮落到地面（或楼面），不允许悬在半空，以免大风刮离吊篮，发生重大安全事故。

（9）吊篮不应作为垂直运输工具，并不得超载。

（10）不应在空中进行吊篮检修。

（11）吊篮内物料要摆放均匀，不得过于集中，防止中心偏移。

（12）施工位置有困难时，应采取安全措施后再进行施工，不可跨出吊篮进行作业。

（13）吊篮在现场安装后，应进行空载安全运行试验，并对安全装置的可靠性进行检验。

6. 脚手架安全

（1）一般要求

1）采用外脚手架施工时，脚手架应进行设计，架体应与主体结构可靠连接。

2）幕墙安装与主体结构施工交叉作业时，在主体结构的施工层下方应设置防护措施。

3）脚手架上不得超载，应及时清理杂物，应有防坠落措施，栏杆上不应挂放工具。如需部分拆除脚手架与主体结构的连接时，应采取措施防止失稳。

4）脚手架搭设或拆除人员必须由《特种作业人员安全技术培训考核管理规定（国家安全生产监督管理总局令第 80 号)》考核合格，且领取《特种作业人员操作证》的专业架子工进行。

5）操作时必须佩戴安全帽、安全带，穿防滑鞋。

6）大雾及雨、雪天气和 6 级以上大风时，不得进行脚手架上的高处作业。

7）脚手架搭设作业时，应按形成基本构架单元的要求逐排、逐跨和逐步地进行搭设，矩形周边脚手架宜从其中的一个角部开始向外延伸外搭设。确保已搭部分稳定。

（2）搭设安全要求

搭设作业，应按以下要求做好自我保护及保护好作业现场人员的安全：

1）架上作业人员应穿防滑鞋、佩挂好安全带，保证作业的安全，脚下应有必要数量的脚手板，并应铺设平稳，且不得有探头板。当暂时无法铺设落脚板时，用于落脚或抓握、把持的杆件均应为稳定的构架部分，着力点与构架节点的水平距离应不大于 0.8m，垂直距离应不大于 1.5m。位于杆接头之上的自由立杆不得用作把持杆。

2）架上作业人员应作好分工和配合，传递杆件掌握好重心，平稳传递。不可用力过猛，以免引起人身或杆件失衡。对每完成的一道工序，要认真检查才能进行下一道工序。

3）作业人员应佩戴工具袋，工具用完后要装于袋中，不可放在架子上，以免掉落伤人。

4）架设材料要随上随用，以免放置不当时掉落。

5）每次收工以前，所有上架材料应全部清理好，不可放在架子上，要形成稳定的构架，不能形成稳定构架的部分应采取临时撑拉措施予以加固。

6）在搭设作业进行中，地面上的员应避开可能落物的区域。

（3）作业安全要求

1）作业前应注意检查作业环境是否可靠，安全防护设置是否齐全有效，确认无误后方可作业。

2）作业时应注意随时清理落在架面上的材料，保持架面清洁，不可乱放材料、工具，以免造成掉物伤人。

3）在进行撬、拉、推等操作时，要注意采取正确的姿势，站稳脚跟，或一手把持在稳固的结构或支持物上，以免用力过猛身体失去平衡或把东西甩出。在脚手架上拆除模板时，采取必要的支托措施，以防模板材料掉落架外。

4）当架面高度不够、需要垫高时，一定要采用稳定可靠的垫高办法，且垫高不要超过 50cm；超过 50cm 时，应按搭设规定升高铺板层。在升高作业面时，应相应加高防护设施。

5）在架面上运送材料经过正在作业中的人员时，要及时发出"请注意"、"请让一让"的信号。不许采用倾倒、猛磕或其他匆忙卸料方式。

6）严禁在架面上打闹嬉戏、退着行走或跨坐在外防护横杆上休息。不可在架面上抢行、跑跳，应注意身体不要失衡。

7. 座板式吊具作业安全

座板式单人吊具悬吊作业方式即指工人运用吊板（绳）下滑到指定位置进行施工操作。此施工方式具有方便、灵活，安全系数较高等特点，同时占用资源较少，能在最大限度内减少对业主日常工作、生活的影响，常用于幕墙清洗。

（1）在座板式吊具上作业人员必须认真检查机械设备、用具、绳子、座板、锁扣、安全带有无损坏，确保机械性能良好及各种用具无异常现象方能上岗操作。

（2）操作绳、安全绳必须分开扎在两个牢固的固定点上，并系上死结，靠沿口处要加垫软物，防止因磨损而断绳，绳子下端一定要接触地面，放绳人同时也要系临时安全绳。

（3）在座板式吊具上作业人员上岗前要穿好工作服，戴好安全帽，工作前要先系安全带，再系保险锁（安全绳上），系好座板卸扣（操作绳上），才能进行下吊工作。

（4）下绳时，施工负责人及楼上、下监护人员要给予现场指挥，施工人员要相互帮助。

（5）操作时辅助用具要扎紧扎牢，以防坠伤人，同时严禁嬉笑打闹和携带其他无关物品。

（6）施工负责人及施工人员随时相互观察操作绳、安全绳的松紧及绞绳、串绳等现象，发现问题及时报告，及时排除。

（7）楼上监护人员不得随意在楼顶边沿上来回走动。需要时，必须先系好自身安全绳，然后再进行辅助工作。地面监护人员不得在施工现场看书看报，更不得随意观赏其他场景。并要随时制止行人进入危险地段或拉绳、甩绳。

（8）操作绳、安全绳需移位、上下时，监护人员及辅助工人要一同协调安置好，不用时需把绳子打好捆紧。

8. 高空作业安全

幕墙工程高处作业应符合以下规定：

（1）高处作业人员应身穿紧口工作服、脚穿防滑鞋、头戴安全帽、腰系安全带：

1）上吊篮施工时，安全带应扣在吊篮的安全绳上。

2）在洞口操作的施工工人，安全带应扣在安全栏杆上，不可扣在未曾安装好的立杆上。

3）安全带不够长时，应换长安全带或另加安全绳。

（2）遇到大雾、大雨和6级以上大风时，禁止高空作业。

（3）高处作业人员应佩戴工具袋，工具应放在工具袋中不得放在钢梁或易失落的地方。施工中暂时不用的工具应装入工具袋，随用随拿。不用的工具和拆下的材料应系绳溜放到地面，不得向下抛掷，应及时清理运送到指定地点。

（4）高处作业时，施工工人的所有工具必须拴安全绳，使用时安全绳套住手腕，避免重物从高空坠落造成人身伤亡事故。

（5）在施工现场上下不同层次（高度）同时进行高处交叉作

业时，不得在上下同一垂直面上作业；当不能满足时，上下层次之间应设隔离防护层。禁止下层作业人员在防护栏杆、平台等的下方休息。

（6）攀登作业时，作业人员应从规定的通道上下，不得手持物件攀登。

（7）高处作业平台四周要有高 1～1.2m 的防护栏杆，栏杆外挂密目网封闭。底部四周铺设 180mm 高挡脚板。

（8）应按施工方案的要求，将孔或洞口封闭牢固、严密。

（9）施工中不得向下抛掷物料。

（10）高空作业人员严禁带病作业，施工现场禁止酒后作业，高温天气应做好防暑降温工作。

9. 垂直运输安全

（1）幕墙工程施工中，垂直运输应符合下列要求：

1）物料提升机在施工中仅供提升建筑材料、小型设备、构件、用具等使用，严禁载人上下。

2）运散料应装箱或装笼；运长料时，应捆绑牢固，防止坠落。物料应摆放均匀，防止偏移。

3）龙门架、井字架的揽风绳必须拴在专用地锚上，不得拴在树上、电线杆上或者不符合要求的物品上，不得随意拆除。

4）进料平台口必须加装防护门，沿通道两侧挂密目网封闭。施工人员不得在平台上休息。

（2）幕墙工程在吊装物料时应符合下列要求：

1）吊装过程中必须设专人指挥，其他人员必须服从指挥。

2）吊装前应对索具进行检验，符合要求才能使用。

3）吊装前必须清楚物件的实际重量，不允许起吊不明重物；当重物无固定吊点时，必须按规定选择吊点并捆绑牢靠，使重物在吊运过程中保持平衡，吊点不发生位移。

4）吊散料时要装箱或装笼，吊长料时要捆绑牢固，先试吊调整重心，使吊物平衡。

5）起吊前，指挥，司索和配合人员应撤离，防止重物坠落伤人。

6）单元式幕墙板块吊装使，吊具应可靠牢固、吊点正确、起吊平稳。

7）垂直运输机械的司机应经过专业培训；外用电梯、塔式起重机应专人专机，其他任何人员不得擅自操作。

（四）幕墙表面清洗安全技术

（1）清洗前应对擦窗机或吊篮进行检查，确认设备完好后方可使用。

（2）遇有 4 级以上大风及大雨、大雾时，不得进行高空幕墙清洗作业。

习 题

（一）判断题

1．［初级］一般民用建筑均由基础、墙体和柱、楼板、楼梯、屋顶及门窗、隔墙等组成，有些建筑还有阳台、雨篷等组成部分。

【答案】正确

2．［初级］幕墙分格轴线的测量放线应与主体结构测量放线相配合，水平标高要逐层从地面引上，以免误差累积。

【答案】正确

3．［初级］云石机又叫手提式切割机，是专门用于石材切割的机具。各种石料、瓷砖的切割一般都用云石机来完成。

【答案】正确

4．［初级］高处坠落防护用品主要有安全带、安全绳、安全网。

【答案】正确

5．［初级］进入施工现场必须佩戴安全帽，高空作业必须系安全带、带工具袋。严禁高空坠物、严禁穿拖鞋、凉鞋进入现场。

【答案】正确

6．［初级］电焊机应设置专业闸刀开关，不使用时应及时切断电源，电焊机外壳应有良好的接地装置。

【答案】正确

7．［初级］幕墙工程中钉、铆是连接、固定构件与构件最普遍的操作工艺。

【答案】正确

8.〔初级〕立柱一般为竖向构件，立柱安装的准确性和质量，将影响整个玻璃幕墙的安装质量，是幕墙安装施工的关键之一。

【答案】正确

9.〔初级〕明框玻璃幕墙中横梁安装应与立柱安装同时进行，大楼从上至下安装，同层从下至上安装。

【答案】错误

【解析】应为先立柱后横梁、先下后上的施工安装顺序。

10.〔初级〕横梁两端与立柱连接处应加弹性橡胶垫。

【答案】正确

11.〔初级〕横梁安装时其与立柱连接处应加防腐隔离垫片。

【答案】错误

【解析】连接处留有空隙或应加压缩变形能力不低于20%～35%的弹性橡胶垫。

12.〔初级〕单元式玻璃幕墙施工安装垂直运输主要包括可移动式轨道吊运系统和小炮车吊运系统两类。

【答案】正确

13.〔初级〕单元式玻璃幕墙单元板块安装顺序宜从上到下进行；构件式玻璃幕墙玻璃面板安装宜从下到上进行。

【答案】错误

【解析】单元式玻璃幕墙单元板块安装顺序宜从下到上进行；构件式玻璃幕墙玻璃面板安装宜从上到下进行。

14.〔初级〕遇上6级以上大风及大雾、大雨时，不得进行幕墙外侧安装、检查、保养和维修工作。

【答案】正确

15.〔初级〕需进行隐蔽验收的项目施工完成后，应及时提请监理等有关部门或人员进行验收，合格后方可进行下道工序的施工，不合格的必须及时整改并重新提交验收，直至合格为止。

【答案】正确

16.〔中级〕石材幕墙面板必须选用花岗岩，大理石、石灰石等不得用于室外石材幕墙。

【答案】错误

【解析】依据《建筑幕墙》GB/T 21086—2007 相关规定，幕墙用石材宜选用花岗岩，可选用大理石、石灰石、石英砂岩等。

17.〔中级〕使用手动真空吸盘，平时不用时要在橡胶圆盘涂矿物油或无机溶剂等防护剂，以免橡胶圈失去密封性能。

【答案】错误

【解析】在橡胶圆盘涂矿物油或无机溶剂等防护剂，在手动真空吸盘与玻璃易产生吸附不牢等情况，不安全。

18.〔中级〕构件式幕墙与单元式幕墙不同，它的立柱、横梁、玻璃板块、垫材，甚至于保温材料等都是在工厂里拼装好的，运到工地后，板块直接与楼板、柱子、梁连接。所以，构件式幕墙的高度一般就等于楼层的高度。

【答案】错误

【解析】概念混淆，题中所述是单元式幕墙的特点。

19.〔中级〕立柱与立柱之间应有一定空隙，采用套筒连接，这样可适应和消除建筑挠度变形和温度变形的影响。

【答案】正确

20.〔中级〕手电钻的基本用途是钻孔和扩孔，如果配上不同的钻头还可以进行打磨、抛光和螺钉螺帽的拆装作业。

【答案】正确

21.〔中级〕对于单索支承结构体系的点支承玻璃幕墙，其单索的施工张拉必须采用机械张拉方法，严禁使用扳手等手动施工张拉方法。

【答案】正确

22.〔中级〕玻璃幕墙与主体结构连接的预埋件，应在主体结构施工时按设计要求埋设。

【答案】正确

23.〔中级〕幕墙施工安装完毕后现场必须进行淋水试验和

防雷测试。

【答案】正确

24. ［中级］当屋面玻璃最高点离地面大于 6m 时，必须使用夹层玻璃。用于屋面的夹层玻璃，夹层胶片厚度不应小于 0.76mm。

【答案】正确

25. ［中级］高处进行电焊等动火作业时，作业人员应填写三级动火许可证，经项目专职安全员批准后方可施工；动火作业现场应按规定设置接火斗和灭火器，并由专职防火监护员进行监护，防止发生火灾等重大事故。施工现场高空焊接作业时，在焊接件下应设置接火斗。

【答案】正确

26. ［中级］明框玻璃幕墙构件的玻璃与铝框之间必须留有空隙，以满足温度变化和主体结构位移所必需的活动空间。

【答案】正确

27. ［中级］施工中可以用硅酮结构密封胶代替硅酮耐候密封胶，但不得将过期结构密封胶降级为建筑密封胶用。

【答案】错误

【解析】硅酮结构密封和耐候密封胶两者概念、作用及使用方式方法不同，不能互相代替使用。

28. ［中级］建筑幕墙按框支承形式可分为两大类：构件式幕墙和单元式幕墙。

【答案】正确

29. ［中级］铝合金板从板材构造上分为：单层铝板、复合铝板、蜂窝铝板等。

【答案】正确

30. ［中级］钢支座与预埋板焊接后，其支座焊接部位的镀锌层已遭破坏，失去了防腐作用，此时要刷防锈漆，作二次防腐处理。

【答案】正确

31. ［中级］玻璃与铝框装配时，在每块玻璃的下边缘应设置两个或两个以上的垫块支承玻璃，玻璃不得直接与铝框接触。

【答案】正确

32. ［高级］单元式幕墙板块合缝时，禁止用手指插入缝内试测。

【答案】正确

33. ［高级］所有的机具都需要进行日常保养，发现机具有问题，要及时进行检查修理，避免机具带病作业。

【答案】正确

34. ［高级］对于在施工中发生的安全事故、质量事故和机械事故，要认真分析原因，做到"三不放过"（即没有查明发生事故的原因及责任者不放过；群众和干部没有受到教育不放过；没有制定出防止类似事故重复发生的措施不放过）。

【答案】正确

35. ［高级］高度超过 4m 的全玻璃幕墙应悬挂在专用吊挂装置上，吊挂装置与主体结构的连接应按设计要求施工。每块玻璃的吊夹应位于同一平面内，吊夹的受力应均匀。

【答案】正确

36. ［高级］幕墙与主体结构间的空隙，必须进行防火封堵，且防火层应与耐火极限高的一侧进行可靠连接，铝板严禁作为防火岩棉的承托板。

【答案】正确

37. ［高级］实体墙外侧采用石材、铝板或人造板等非透明幕墙的，层间可不做防火封堵。

【答案】错误

【解析】幕墙与室内空间无实体墙分隔时，一般要分层防火封堵，每层至少设置一道；有实体墙分隔时，可以封堵门窗洞口以及实体墙周边，形成与室内分割的空间。

38. ［高级］建筑高度大于 50m 的建筑幕墙工程，必须进行幕墙工程安全专项方案论证。

【答案】正确

（二）单选题

1. ［初级］玻璃幕墙玻璃两对边嵌在铝框内，两对边用结构胶粘结在铝框上，其幕墙形式是(　　)。

A. 明框　　　　　　　　　　B. 隐框

C. 全玻璃　　　　　　　　　D. 半隐框

【答案】D

【解析】半隐框幕墙即横向或竖向框架构件不显露于面板室外侧的幕墙。

2. ［初级］幕墙所有碳素钢构件表面防腐处理应采用(　　)方法。

A. 热镀锌处理　　　　　　　B. 阳极氧化处理

C. 静电喷涂处理　　　　　　D. 烤漆处理

【答案】A

【解析】与空气接触的碳素结构钢和低合金高强度结构钢应采取有效的表面防腐处理，通常有以下处理方式：热浸镀锌、防腐涂料、氟碳漆喷涂或聚氨酯漆喷涂。

3. ［初级］明框玻璃幕墙的空隙填充密封材料，不能使用(　　)。

A. 硅酮密封胶　　　　　　　B. 三元乙丙橡胶胶条

C. 双面胶带　　　　　　　　D. 氯丁橡胶胶条

【答案】C

【解析】明框玻璃幕墙的空隙可打注硅酮密封胶，也可采用三元乙丙橡胶胶条、氯丁橡胶胶条。双面胶带主要是玻璃组件用来粘贴铝附框，不起受力作用。

4. ［初级］用两块厚 0.8～1.2mm、1.2～1.8mm 的铝板，夹在不同材料制成的蜂巢状中间夹层两面组成的材料是(　　)。

A. 单层铝板　　　　　　　　B. 复合铝板

C. 蜂窝铝板　　　　　　　　D. 纯铝板

【答案】C

【解析】铝蜂窝复合板面板标称厚度不应小于 1.0mm，背板标称厚度不应小于 0.7mm，总体厚度不应小于 10mm。

5. ［初级］用于穿楼层管道与楼板孔的缝隙及幕墙防火层与楼板接缝处密封采用的材料是(   )。

A. 硅酮密封胶　　　　　　　B. 聚硫密封胶

C. 防火密封胶　　　　　　　D. 氯丁密封胶

【答案】C

【解析】为了防止火焰或烟气串入上一层楼面，层间封堵接口位置应采用防火密封胶密封。

6. ［初级］(   )因结构简单、价格便宜、使用和维护方便，在装饰施工中的焊接作业中使用广泛。

A. 电焊机　　　　　　　　　B. 交流弧焊机

C. 直流弧焊机　　　　　　　D. 对焊机

【答案】B

【解析】幕墙施工安装主要使用交流弧焊机，其特点是结构简单、易造易修、成本低、效率高等。

7. ［初级］电焊机的放置：防雨防潮防晒，上面有防雨防砸棚，下面应垫起离地(   )cm 以上。

A. 0　　　　　　　　　　　　B. 10

C. 20　　　　　　　　　　　　D. 30

【答案】C

【解析】现场使用的电焊机应设有可防雨防潮防晒的机棚，并配有消防用品，下面应垫起离地 20cm 以上。

8. ［初级］风动拉铆枪及风动增压式托铆枪都是以(   )为动力的设备。

A. 电能　　　　　　　　　　　B. 水压

C. 压缩空气　　　　　　　　　D. 空气

【答案】C

【解析】拉铆枪根据根据动力类型分为电动、手动和风动的几种类型，其中风动的以压缩空气为动力使用最为广泛。

9. [初级] 下列工具中，( )是一种直接完成紧固技术操作的工具。

A. 打钉枪　　　　　　　　B. 拉铆枪

C. 射钉枪　　　　　　　　D. 电焊枪

【答案】C

【解析】射钉枪工作原理是击发射钉弹使两个构件连成一体。

10. [初级] 铝合金型材、钢材、索杆等材料等一般统称为( )。

A. 板块材料　　　　　　　B. 骨架材料

C. 结构粘接材料　　　　　D. 密封填缝材料

【答案】B

【解析】骨架材料的含义。

11. [初级] ( )不属于全玻璃幕墙中玻璃和玻璃肋的连接方式。

A. 单肋　　　　　　　　　B. 双肋

C. 通肋　　　　　　　　　D. 三肋

【答案】D

【解析】玻璃和玻璃肋的连接方式主要是单肋、双肋、通肋三种形式。

12. [初级] 建筑幕墙用耐候硅酮密封胶必须是( )，酸、碱性胶不能用，否则会对铝合金和结构硅酮密封胶带来不良影响。

A. 双组分胶　　　　　　　B. 单组分碱性胶

C. 单组分酸性胶　　　　　D. 单组分中性胶

【答案】D

【解析】使用酸、碱性胶，对铝合金等金属材料易产生腐蚀作用。

13. [初级] 玻璃、铝板、石板及金属材料一般称为( )。

A. 面板材料　　　　　　　B. 骨架材料

C. 结构粘接材料　　　　　D. 密封填缝材料

【答案】A

【解析】面板材料的含义。

14. [初级] 建筑幕墙按（　　）可分为：玻璃幕墙、金属板幕墙、石材板幕墙、组合幕墙等。

A. 面板材料　　　　　　　　B. 结构

C. 立面装饰形式　　　　　　D. 结构粘结材料

【答案】A

【解析】建筑幕墙一般按照面板支承形式和面板材料来进行分类。

15. [初级]（　　）不属于安全玻璃。

A. 半钢化玻璃　　　　　　　B. 钢化玻璃

C. 夹层玻璃　　　　　　　　D. 防火玻璃

【答案】A

【解析】依据国家标准《建筑用安全玻璃》GB 15763—2009，主要包括防火玻璃、钢化玻璃、夹层玻璃、均质钢化玻璃。

16. [初级] 型材切割机利用（　　）原理，在砂轮与工件接触处高速旋转实现切割。

A. 锯条切割　　　　　　　　B. 砂轮磨削

C. 砂轮剪切　　　　　　　　D. 锯条剪切

【答案】B

【解析】型材切割机又叫砂轮锯，通过传动机构驱动平形砂轮片切割金属工具，具有安全可靠、劳动强度低、生产效率高、切断面平整光滑等优点。适合锯切各种异型金属铝、铝合金、铜、铜合金、非金属塑胶及碳纤等材料。

17. [初级] 在混凝土基体上射钉，最佳射入深度一般取（　　）。深度过小，承载力不够；深度过大对基体破坏的可能性较大，效果同样较差。

A. 小于 22mm　　　　　　　B. 27～32mm

C. 大于 32mm　　　　　　　D. 大于 40mm

【答案】B

【解析】射钉射入基体的最佳深度：混凝土 27～32mm，墙体 30～50mm。

18. ［初级］焊工为特殊工种，需经专业安全技术学习和训练，考试合格，获得（   ）后方可独立工作。

A. 特殊工种操作证　　　　　　　B. 上岗证

C. 安全证　　　　　　　　　　　D. 学习证

【答案】A

【解析】建筑工程项目特殊工种包括电工、电焊工、架子工、塔式起重机司机、塔式起重机指挥、施工升降（人货电梯）机司机、起重工、塔式起重机及人货电梯安装及拆除工种等。

19. ［初级］（   ）不是幕墙玻璃固定压块的方式。

A. 穿螺栓固定　　　　　　　　　B. 用结构胶固定

C. 用自攻钉固定　　　　　　　　D. 用不锈钢攻钢钉固定

【答案】B

【解析】幕墙玻璃固定压块应采用机械连接方式。

20. ［初级］铝型材立柱与立柱之间应有一定空隙，采用（   ）连接，这样可适应和消除建筑挠度变形和温度变形的影响。

A. 方钢　　　　　　　　　　　　B. 钢板

C. 角铝　　　　　　　　　　　　D. 套芯

【答案】D

【解析】上、下立柱之间应有不小于 15mm 的缝隙，闭口型材可采用长度不小于 250mm 的套芯连接，套芯与立柱应紧密接触。套芯与下立柱或上立柱之间应采用机械连接（螺栓）方法加以固定。开口型材上立柱与下立柱之间可采用等强型材机械连接。

21. ［初级］真空吸盘是用来粘运玻璃的主要工具，是利用（   ）将圆盘紧紧地吸在玻璃表面上。

A. 大气压力　　　　　　　　　　B. 重力

C. 摩擦力　　　　　　　　　　　D. 粘力

【答案】A

【解析】真空吸盘是利用大气压力的原理实现玻璃面板的搬运。

22.［初级］横梁一般为水平构件，是分段在立柱中嵌入连接，横梁两端与立柱连接处应加（　　　）。

A. 角铝　　　　　　　　　B. 套筒连接

C. 塑料片　　　　　　　　D. 弹性橡胶垫

【答案】D

【解析】一般情况下横梁分段与立柱连接，横梁之间应留有足够的间隙，或采用有足够压缩变形能力的弹性橡胶垫，以适应结构可能的变形或横梁因温度变化而产生的伸缩变形。

23.［初级］立柱与连接件（支座）接触面之间一定要加（　　　）。

A. 弹性橡胶垫　　　　　　B. 防腐隔离垫片

C. 塑料垫片　　　　　　　D. 铝垫片

【答案】B

【解析】玻璃幕墙立柱常采用铝合金材质，连接件常采用钢材。为防止二者发生电偶腐蚀，在接触面之间要加防腐隔离垫片。

24.［初级］钢支座与预埋板焊接后，其支座焊接部位的镀锌层已遭破坏，失去了防腐的作用，此时要（　　　），做二次防腐处理。

A. 涂防锈漆　　　　　　　B. 热镀锌

C. 加防腐隔离垫片　　　　D. 热镀铜

【答案】A

【解析】焊接后构件表面镀锌层已遭破坏，未二次处理的表面受铁锈及杂质的污染，如油脂、水垢、灰尘等都直接影响防腐层与基体表面的粘合和附着，关系到防腐层的防腐效果。

25.［中级］下列关于建筑密封胶（耐候胶），不正确的是（　　　）。

A. 聚硫密封胶与硅酮结构密封胶相容性好，可以配合使用

B. 建筑硅酮密封胶主要有硅酮密封胶聚硫密封胶

C. 建筑硅酮密封胶有多种颜色，浅色密封胶耐紫外线性能较弱，只适用于室内工程，幕墙嵌缝宜采用深色

D. 聚硫密封胶不能用于隐框幕墙中空玻璃的第一道密封胶

【答案】A

【解析】聚硫密封胶多用于明框幕墙用中空玻璃密封，不起结构作用；硅酮结构密封多用于隐框、半隐框中空玻璃密封，起结构作用，两者不可配合使用。

26. ［中级］立柱安装牢固后，必须取掉上下两立柱之间用于定位伸缩缝的( )，并在伸缩缝处打密封胶。

A. 弹性橡胶垫   B. 标准块

C. 防腐隔离垫片   D. 铝垫片

【答案】B

【解析】上、下立柱之间应有不小于15mm的缝隙，适应主体结构及自身变形。为保证施工安装质量，立柱安装时，上下两立柱之间应采用定位伸缩缝的标准块。

27. ［中级］就玻璃幕墙安装施工而言，以下( )不是其隐蔽工程验收记录的内容。

A. 预埋件或后置埋件、锚栓及连接件

B. 隐框玻璃板块的固定

C. 梁安装定位后应进行自检

D. 幕墙防火、隔烟节点

【答案】C

【解析】玻璃幕墙隐蔽工程验收一般包括以下八个方面内容：预埋件或后置埋件、锚栓及连接件；构件与主体结构的连接节点；玻璃幕墙四周、玻璃幕墙内表面与主体结构之间的封堵；玻璃幕墙伸缩缝、变形缝、沉降缝及墙面转角处的构造节点；隐框玻璃板块的固定；幕墙防雷连接节点；幕墙防火、隔烟节点；单元式玻璃幕墙的封口节点。

28. [中级] 玻璃的品种、规格与色彩应与设计要求相符，整幅幕墙玻璃的色泽应均匀，玻璃的镀膜面应朝（　　）方向。

A. 前　　　　　　　　　　B. 室外

C. 中空玻璃的空气层　　　D. 室内

【答案】D

【解析】镀膜玻璃分膜面和玻面，不同膜面由于存在相对差异性，阳光下能够清楚看到，而装在室内面基本看不出来，所以一般都是镀膜面朝向室内，玻面朝向室外。

29. [中级] 一般情况下，铝合金门结构用铝型材壁厚不宜低于（　　）。

A. 2.0mm　　　　　　　　B. 1.4mm

C. 3.0mm　　　　　　　　D. 1.0mm

【答案】A

【解析】依据《铝合金门窗》GB/T 8478—2008 规定：铝合金门受力构件经试验或计算确定，未经表面处理的型材最小实测壁厚不小于 2.0mm。

30. [中级]（　　）是房屋的水平承重结构，它的主要作用是承受人、家具等荷载，并把这些荷载和自重传给承重墙。

A. 墙体　　　　　　　　　B. 楼板

C. 楼梯　　　　　　　　　D. 柱

【答案】B

【解析】在建筑结构中，楼板承受水平荷载，通过梁柱等将楼面荷载传递给基础。

31. [中级] 层数在 40 层以上，建筑总高度在 100m 以上为（　　）。

A. 高层建筑　　　　　　　B. 中高层建筑

C. 超高层建筑　　　　　　D. 多层建筑

【答案】C

【解析】住宅建筑按层数分类：1～3 层为低层住宅，4～6 层为多层住宅，7～9 层为中高层住宅，10 层及 10 层以上为高层住宅；除住宅建筑之外的民用建筑高度不大于 24m 者为单层和多层建筑，大于 24m 者为高层建筑（不包括建筑高度大于 24m 的单层公共建筑），建筑高度大于 100m 的民用建筑为超高层建筑。

32. ［中级］（   ）不是铝型材表面处理方法。

A. 镀锌   B. 电泳涂漆

C. 粉末喷涂   D. 氟碳喷涂

【答案】A

【解析】铝型材的表面处理方式有阳极氧化、电泳涂装及粉末喷涂三种处理方式，每一种方式都各有优势，占有相当的市场份额。

33. ［中级］一般情况下，窗结构用铝型材壁厚不宜低于（   ）。

A. 2.0mm   B. 1.4mm

C. 3.0mm   D. 1.0mm

【答案】B

【解析】依据《铝合金门窗》GB/T 8479—2008 规定：铝合金窗受力构件经试验或计算确定，未经表面处理的型材最小实测壁厚不小于 1.4mm。

34. ［中级］（   ）不是天然石材。

A. 水磨石   B. 花岗岩

C. 大理石   D. 玄武岩

【答案】A

【解析】天然石材按照其生成的因素而衍生众多种类，可分为砂岩、板岩、大理石、花岗石、石灰石等。

35. ［中级］幕墙安装过程中使用的锤子，不允许使用的是（   ）。

A. 橡胶锤   B. 铁锤

C. 尼龙锤   D. 塑料锤

【答案】B

【解析】为防止敲击幕墙构件时对表面产生损坏或划伤，应使用非金属且弹性模量低的橡胶锤、尼龙锤或塑料锤。

36. [中级]（   ）不是幕墙施工常用长度测量工具。

A. 钢直尺   B. 钢卷尺

C. 游标卡尺   D. 角尺

【答案】D

【解析】常用长度尺寸测量工具包括卡尺、游标卡尺、百分尺、千分尺、钢直尺、钢卷尺等。

37. [中级]（   ）是幕墙施工常用角度测量工具。

A. 钢直尺   B. 钢卷尺

C. 角尺   D. 游标卡尺

【答案】C

【解析】测量角度的常用测量工具包括量角器、分度头、经纬仪、六分仪、角尺等。

38. [中级]用于拧紧有力矩要求的螺母，力矩数值可以直接从（   ）指示表上读出。

A. 指示表式力矩扳手   B. 手动套筒扳手

C. 呆扳手   D. 电动扳手

【答案】A

【解析】指示表式力矩扳手即通常所说的扭矩扳手，其数值可以从指示表上直接读出。

39. [中级]（   ）不可作为幕墙的支承结构。

A. 钢筋混凝土梁   B. 钢结构梁

C. 轻质填充墙   D. 钢筋混凝土柱

【答案】C

【解析】幕墙承受的荷载应可靠地传递给主体结构，轻质填充墙强度和刚度均满足不了幕墙与其连接的要求。

40. [中级]花岗岩的弯曲强度不应小于（   ）。

A. 10MPa   B. 8MPa

C. 15MPa   D. 20MPa

【答案】B

【解析】《金属与石材幕墙工程技术规范》JGJ 133—2001 规定：花岗岩的弯曲强度不应小于 8MPa。

41.［中级］横梁安装，同一标高面内相邻两根横梁高度差允许偏差不超过(   )。

A. 5mm   B. 3mm

C. 1mm   D. 2mm

【答案】C

【解析】同一根横梁两端或相邻两根横梁端部的水平标高差不应大于 1mm。

42.［中级］当一幅构件式幕墙宽度不大于 35mm，横梁水平标高偏差不超过(   )。

A. 5mm   B. 3mm

C. 1mm   D. 2mm

【答案】A

【解析】同层横梁最大标高偏差：当一幅幕墙宽度不大于 35m 时，可取 5mm；当一幅幕墙宽度大于 35m 时，可取 7mm。

43.［中级］当一幅构件式幕墙宽度大于 35m，横梁水平标高偏差不超过(   )。

A. 5mm   B. 3mm

C. 7mm   D. 2mm

【答案】C

【解析】同层横梁最大标高偏差：当一幅幕墙宽度不大于 35m 时，可取 5mm；当一幅幕墙宽度大于 35m 时，可取 7mm。

44.［中级］幕墙立柱安装，立柱安装轴线的允许偏差不应大于(   )。

A. 2mm   B. 3mm

C. 4mm   D. 5mm

【答案】A

【解析】立柱安装轴线的允许偏差为 2mm；相邻两根立柱安装标高差不应大于 3mm，同层立柱最大标高差不应大于 5mm；

相邻两根立柱固定点距离的允许偏差为±2mm。

45.［中级］横梁可通过角码、螺钉或螺栓与立柱连接，角码应能承受横梁的剪力，其厚度不应小于(　　)mm。

A. 3　　　　　　　　　　　　　B. 4

C. 5　　　　　　　　　　　　　D. 6

【答案】A

【解析】《金属与石材幕墙工程技术规范》JGJ 133—2001 规定：横梁与立柱连接角码其厚度不应小于 3mm。

46.［中级］玻璃幕墙与主体结构连接的预埋件(　　)。

A. 应在主体结构施工后按设计要求埋设

B. 可不进行预埋件施工

C. 应在主体结构施工时按设计要求埋设

D. 应在主体结构施工时随意埋设

【答案】C

【解析】幕墙工程使用的各种预埋件必须经过计算确定，以保证其具有足够的承载力。为保证幕墙与主体结构连接牢固可靠，幕墙与主体结构连接的预埋件应在主体结构施工时，按设计要求的数量位置和方法进行埋设，埋设位置应正确。

47.［高级］支承结构用碳素钢和低合金高强度钢采用氟碳喷涂或聚氨酯漆喷涂时，涂膜厚度不宜小于(　　)。

A. $25\mu m$　　　　　　　　　　B. $30\mu m$

C. $35\mu m$　　　　　　　　　　D. $40\mu m$

【答案】C

【解析】玻璃幕墙用碳素结构钢和低合金结构钢应采取有效的防腐处理，当采用防腐涂料进行表面处理时，除密闭的闭口型材的内表面外，涂层应覆盖钢材表面，其厚度应符合防腐要求，不宜小于 $35\mu m$。

48.［高级］构件式幕墙立柱安装，相邻两根立柱间距尺寸(固定端处)允许偏差不超过(　　)。

A. ±5mm　　　　　　　　　　B. ±3mm

C. ±6mm   D. ±2mm

【答案】D

【解析】相邻两根立柱安装标高差不应大于3mm，同层立柱最大标高差不应大于5mm；相邻两根立柱固定点距离的允许偏差为±2mm。

49.［高级］下列对点支承玻璃幕墙玻璃面板描述，不正确的是( )。

A. 采用浮头式连接件的点支承玻璃幕墙玻璃厚度不应小于6mm

B. 采用沉头式连接件的点支承玻璃幕墙玻璃厚度不应小于8mm

C. 玻璃肋支承的点支承玻璃幕墙，其玻璃肋应采用钢化夹层玻璃

D. 玻璃之间的空隙宽度不应小于8mm，且应采用硅酮建筑密封胶嵌缝

【答案】D

【解析】点支承玻璃幕墙玻璃面板间的接缝宽度不应小于10mm，有密封要求时应采用硅酮建筑密封胶嵌缝。

50.［高级］对于施工机具的维护保养，下述做法不正确的是( )。

A. 电动机具的电源导线发现破损，轻微的要用绝缘胶布缠好，严重的要及时更换，或者到机修部门进行更换

B. 随时检查机具各部件的完好情况，发现螺栓松动要及时紧固，润滑部分要及时添加润滑油，保持机具状况良好

C. 操作中发生松动、断裂、打滑等不利于正常使用的毛病时，绝不能勉强使用，一定要及时进行维修

D. 手持式小型的施工机具可以随意放置，非操作工人可以使用

【答案】D

【解析】施工机具不可随意放置，非操作工人不可使用。

51. [高级] 防火保温材料的安装应严格按设计要求施工，防火保温材料宜采用(   )，固定防火保温材料的防火封板应锚固牢靠。

A. 整块海绵　　　　　　　B. 碎岩棉

C. 防火砖　　　　　　　　D. 整块岩棉

【答案】D

【解析】防火保温岩棉处门窗洞口位置外，应整块铺设。两层及以上时，还应错缝铺设。

52. [高级] (   )是一种多用途的电动工具，换上钢丝轮可以完成除锈、清除工作表面的工作，换上云石锯片可以对石材进行加工。

A. 电动磨光机　　　　　　B. 手电钻

C. 冲击电钻　　　　　　　D. 电动拉铆枪

【答案】A

【解析】电动磨光机的主要使用功能是对金属表面打磨处理，更换不同的砂轮和锯片，可对不同金属进行表面处理。

53. [高级] 电焊面罩中部镶有电焊玻璃，通过它将过滤焊弧产生的(   )，保护眼睛。在电焊玻璃的外侧还必须加一层普通玻璃。

A. g 射线　　　　　　　　B. X 射线

C. 红外线　　　　　　　　D. 强紫外线

【答案】D

【解析】电焊面罩是在焊割作业中起到保护作业人员安全的工具，可避免电弧产生的紫外线有害辐射，以及焊接强光对眼睛造成的伤害，避免电光性眼炎的发生。

54. [高级] 在安装立柱的同时应按设计要求进行防雷体系的可靠连接，均压环应与主体结构避雷系统相连接，(   )与均压环通过截面积不小于 $48mm^2$ 的圆钢或扁钢连接。

A. 预埋件　　　　　　　　B. 立柱

C. 幕墙构件　　　　　　　D. 套筒连接件

【答案】A

【解析】均压环一般沿楼层布置，其与主体结构避雷系统连接通过预埋件来实现。

55. ［高级］在工厂中配好的幕墙结构密封胶为（　　）。

A. 双组分中性结构胶　　　　B. 单组分中性结构胶

C. 氯丁密封胶　　　　　　　D. 聚硫密封胶

【答案】B

【解析】单、双组分中性结构胶物理性质，化学性质方面基本上没有太大差别，单组分中性结构胶固化慢，操作方便，在工厂中装配好；双组分中性结构胶由 AB 组分组成，A 组为硅酮胶（白色），B 组为固化剂（黑色），使用前必须将 AB 组分搅匀才能达到理想效果，特点是固化快，但在工地使用时会比较麻烦。

56. ［高级］下列关于射钉枪安全操作，不正确的是（　　）。

A. 使用前应严格检查射钉枪、射钉、弹药是否配套合适，检查射钉枪各部位是否完好有效

B. 装好弹药的射钉枪，严禁将枪口对人

C. 发现射钉枪操作不灵时，必须及时将钉、弹取出，不可随意敲击

D. 钉、弹不按危险、爆炸物品进行储存和搬运

【答案】D

【解析】射钉枪及其附件弹筒、火药、射钉必须分开，由专人负责保管。使用人员严格按领取料单数量准确发放，并收回剩余和用完的全部弹筒，发放和收回必须核对吻合。

57. ［高级］使用机具进行施工，务必严格遵守安全操作规程，及时对施工机具进行有效、良好的维护、维修和保养。上述措施的作用，以下不正确的是（　　）。

A. 避免在使用中发生事故　　B. 提高机具的利用率

C. 延长使用寿命　　　　　　D. 对成本支出没有影响

【答案】D

【解析】及时对施工机具进行有效的良好的维护、维修和保

养，可降低成本的支出。

（三）多选题

1. ［初级］建筑幕墙的基本特征是(　　)。

A. 具有面板

B. 具有支承结构体系

C. 不承担主体结构作用

D. 能够适应主体结构变形

【答案】ABCD

【解析】建筑幕墙是由面板与支承结构体系组成，具有规定承载能力、变形能力和适应主体结构位移能力，不分担主体结构所受作用的建筑外围护墙体结构或装饰性结构。

2. ［初级］下列属于人造板幕墙用面板材料的是(　　)。

A. 陶板　　　　　　　　　　B. 瓷板

C. 纤维水泥板　　　　　　　D. 石材蜂窝版

【答案】ABCD

【解析】人造板材幕墙按面板种类，可分为瓷板幕墙、陶板幕墙、微晶玻璃板幕墙、石材蜂窝板幕墙、纤维水泥板幕墙、木纤维板幕墙。

3. ［初级］下列对于隐框玻璃幕墙下托条描述正确的是(　　)。

A. 可采用不锈钢或铝合金材质

B. 长度不应小于 100mm

C. 厚度不宜小于 2mm

D. 数量不应少于两个

【答案】ABCD

【解析】隐框或横向半隐框玻璃幕墙，每块玻璃的下端应设置不少于两个铝合金或不锈钢托条，托条和玻璃面板水平支承构件之间应可靠连接。托条应能承受该分格玻璃的重力荷载设计值。托条长度不应小于 100mm、厚度不应小于 2mm。

4. ［初级］按面板材料区分，建筑幕墙可分为(　　)。

A. 玻璃幕墙　　　　　　　B. 金属板幕墙

C. 人造板幕墙　　　　　　D. 组合幕墙

【答案】ABCD

【解析】依据《建筑幕墙》GB/T 21086—2007，建筑按面板材料可分为玻璃幕墙、金属板幕墙、人造板幕墙、组合幕墙。

5.［初级］幕墙所使用材料概括起来可分为四大类型，主要包括（　　　）。

A. 面板材料　　　　　　　B. 骨架材料

C. 密封填缝材料　　　　　D. 结构粘结材料

【答案】ABCD

【解析】幕墙所使用材料概括起来可分为面板材料、骨架材料、密封填缝材料、结构粘结材料四大类型。

6.［初级］幕墙施工安装机具动力源主要包括（　　　）。

A. 电动　　　　　　　　　B. 手动

C. 风动　　　　　　　　　D. 气动

【答案】AD

【解析】幕墙施工安装机具动力源主要包括电动和气动两大类。

7.［初级］建筑幕墙的四性物理性能，主要包括（　　　）。

A. 风压变形性能　　　　　B. 平面变形性能

C. 空气渗透性能　　　　　D. 雨水渗漏性能

【答案】ABCD

【解析】建筑幕墙基本的四项物理性能。若是铝合金门窗，仅包括风压变形、空气渗透、雨水渗漏三项性能。

8.［初级］下列关于全玻璃幕墙描述正确的是（　　　）。

A. 高度超过 4m 的全玻璃幕墙应悬挂在专用吊挂装置上，吊挂装置与主体结构的连接应按设计要求施工。每块玻璃的吊夹应位于同一平面内，吊夹的受力应均匀

B. 全玻璃幕墙的玻璃宜采用机械吸盘安装，并应采取必要的安全措施

C. 构件搬运、吊装时，应避免碰撞和损坏，严禁与玻璃发生硬接触

D. 全玻璃幕墙玻璃肋的截面厚度不应小于 12mm，截面高度不应小于 100mm

【答案】ABCD

【解析】全玻璃幕墙构造、施工安装的基本要求。

9. ［初级］建筑物的防雷装置通常由三部分组成，分别是(   )。

A. 接闪器（避雷针、避雷网、避雷环）

B. 引下线

C. 接地装置

D. 均压环

【答案】ABC

【解析】均压环属于幕墙避雷系统的一部分。

10. ［初级］构件式玻璃幕墙按面板支承形式主要分为(   )。

A. 点支承玻璃幕墙　　　　B. 隐框玻璃幕墙

C. 半隐框玻璃幕墙　　　　D. 明框玻璃幕墙

【答案】BCD

【解析】依据《建筑幕墙》GB/T 21086—2007 规定：构件式玻璃幕墙按面板支承形式主要分为隐框、半隐框和明框玻璃幕墙。

11. ［初级］石材幕墙石材面板可选用(   )。

A. 花岗岩　　　　　　　　B. 大理石

C. 石灰岩　　　　　　　　D. 石英砂岩

【答案】ABCD

【解析】依据《建筑幕墙》GB/T 21086—2007 规定：幕墙用石材宜选用花岗岩，可选用大理石、石灰岩、石英砂岩等。

12. ［中级］石材作为建筑工程的饰面材料，其与主体结构的连接方式比较常见的有(   )三种。

A. 湿贴法　　　　　　　　B. 干挂法

C. 无龙骨干挂法　　　　　D. 卡件法

【答案】ABC

【解析】湿贴法盛行于 20 世纪 90 年代前，现在已经禁止使用。石材幕墙现在普遍采用干挂的形式。无龙骨干挂法最近几年兴起，因其支承无龙骨不属于幕墙，故归属于饰面工程。

13.［中级］铝合金型材表面处理方式主要包括（　　　）。

A. 电泳涂漆　　　　　　　B. 粉末喷涂

C. 氟碳漆喷涂　　　　　　D. 热镀锌

【答案】ABC

【解析】电泳涂漆、粉末喷涂、氟碳漆喷涂是铝合金型材表面主要处理方式。

14.［中级］纤维水泥板幕墙面板连接系统包括（　　　）。

A. 穿透支承连接　　　　　B. 背栓支承连接

C. 通长挂件连接　　　　　D. 短槽连接

【答案】ABC

【解析】依据《人造板材幕墙》13J 103—7 标准图集，纤维水泥板幕墙面板连接系包括穿透支承连接、背栓支承连接、通长挂件连接。

15.［中级］建筑幕墙工程施工安装基本工艺包括（　　　）等，在每种幕墙类型施工安装中几乎均包括上述基本工艺。

A. 施工测量放线

B. 埋件工程

C. 幕墙防腐、幕墙防火、幕墙保温

D. 幕墙防雷及幕墙收边收口

【答案】ABCD

【解析】不同类型建筑幕墙工程施工安装基本工艺基本相同。

16.［中级］幕墙用埋件按照不同构造、埋设方式分（　　　）。

A. 后置埋件　　　　　　　B. 板式埋件

C. 槽式埋件　　　　　　　D. 植筋

【答案】ABCD

【解析】埋件预埋、后置处理的四种形式。

17. ［中级］对于构件式玻璃幕墙上、下立柱的安装描述，正确的是(　　)。

A. 上、下立柱之间应有不小于 15mm 的缝隙

B. 闭口型材可采用长度不小于 250mm 的芯柱连接

C. 芯柱与下立柱或上立柱之间应采用机械连接（螺栓）方法加以固定

D. 开口型材上立柱与下立柱之间可采用等强型材机械连接

【答案】ABCD

【解析】《玻璃幕墙工程技术规范》JGJ 102—2003 及《金属与石材幕墙工程技术规范》JGJ 133—2011 均对立柱的构造做出了上述规定。

18. ［中级］高处进行电焊等动火作业时，下列描述正确的是(　　)。

A. 作业人员应填写三级动火许可证，经项目专职安全员批准后方可施工

B. 动火作业现场应按规定设置接火斗和灭火器，并由专职防火监护员进行监护，防止发生火灾等重大事故

C. 施工现场高空焊接作业时，在焊接件下应设置接火斗

D. 施工现场明火作业，操作前必须办理动火证，经有关部门（负责人）批准，做好防护措施并派专人监护后，方可操作

【答案】ABCD

【解析】幕墙施工安装高处进行电焊等动火作业时的安全管理规定。

19. ［中级］下列关于吊篮的叙述，正确的是(　　)。

A. 吊篮不应作为垂直运输工具，并不得超载

B. 吊篮应另设安全绳，不允许使用无安全绳的吊篮

C. 不应在空中进行吊篮检修

D. 吊篮的保险卡、安全锁、行程限位器等安全装置应齐全、

可靠

【答案】ABCD

【解析】建筑幕墙施工安装用吊篮的安全管理规定。

20.［高级］下列对于幕墙防火施工安装的描述，正确的是(　　)。

A. 防火材料应用锚钉可靠固定，防火材料应干燥，铺放应均匀、平整、连续，不得有漏铺，拼接处不留缝隙，形成一个不间断的隔层。采用双层铺设时，接缝应错开

B. 防火材料不得与幕墙玻璃直接接触

C. 施工完毕，必须检查所有的防火节点、防火隔断是否都密封严密，各层间防火隔断是否都按要求用防潮材料将矿棉等不燃烧材料包裹进行填塞，其防火隔断能否满足防火规范要求。检验一般采用观察和触摸方法，必要时可在防火节点处用火苗试验是否漏气

D. 上、下封修板与幕墙及建筑物主体的缝隙，封修板板块间缝隙均应清洁干净，打注防火密封胶。注胶应均应、饱满、连接、密实、无气泡

【答案】ABCD

【解析】幕墙防火施工安装除上述外，幕墙层间防火还应与耐火极限高的一侧进行可靠连接。

21.［高级］下列石材幕墙干挂形式，属于落后或禁止技术的是(　　)。

A. 蝴蝶形挂件　　　　　　B. 背栓式

C. T 形挂件　　　　　　　D. 背卡式

【答案】AC

【解析】钢销式石材干挂形式已经禁止使用，蝴蝶式、T 形挂件等依据《建筑幕墙》GB/T 21086—2007 相关条文规定，已经不宜采用。

22.［高级］下列关于幕墙防火的描述，正确的是(　　)。

A. 幕墙高度 50m 以下，材料的耐火等级不应小于 B_1 级

B. 玻璃幕墙层间防火常用构造是 100mm 厚 A 级防火岩棉
＋1.5mm 厚镀锌钢板承托

C. 实体墙外铝板及石材等非透明幕墙层间也应做防火封堵

D. 建筑防火分区与幕墙防火设计关系不大

【答案】ABC

【解析】建筑防火分区与幕墙防火设计关系很大。幕墙的防
火封堵构造系统有多种有效的做法，无论何种方法，构成系统的
材料都应具备设计规定的耐火性能。防火封堵材料或封堵系统应
经过国家认可的专业机构测试，合格者方可应用于幕墙工程。

23. ［高级］依据《关于进一步加强玻璃幕墙安全防护工作
的通知》（建标［2015］38 号），下列幕墙玻璃配置宜选择的
是（ ）。

　　A. 钢化玻璃　　　　　　　B. 超白玻璃

　　C. 均质玻璃　　　　　　　D. 夹胶玻璃

【答案】BCD

【解析】建标［2015］38 号文规定，幕墙玻璃宜采用超白玻
璃、均质玻璃、夹胶玻璃。

24. ［高级］依据《危险性较大的分部分项工程安全管理规
定》（住建部令第 37 号）及《关于实施＜危险性较大的分部分项
工程安全管理规定＞有关问题的通知》（建办质〔2018〕31 号），
建筑幕墙工程超过一定规模的危险性较大的分部分项工程专项方
案应当由施工单位组织召开专家论证会。下列具备条件的
有（ ）。

　　A. 搭设高度 24m 及以上的落地式钢管脚手架工程

　　B. 自制卸料平台、移动操作平台工程施工

　　C. 高度 50m 及以上的建筑幕墙安装工程

　　D. 采用爆破拆除的工程

【答案】ABC

【解析】《危险性较大的分部分项工程安全管理规定》的
要求。

(四)案例题

1. 已知铝合金立柱宽度 60mm，钢支座壁厚 8mm，钢垫片厚度 5mm，用不锈钢六角头螺栓固定，确定螺栓长度（已知螺栓长度系列 100mm、110mm、120mm、130mm，螺母厚度约为 12mm）。

(1) 判断题

1)［初级］螺栓长度选取 100mm 系列。

【答案】错误

2)［初级］钢支座、钢垫片与铝合金立柱之间应留有空隙，并打注耐候密封胶，防止电化学反应。

【答案】错误

(2) 单选题

1)［中级］螺栓长度选取的系列是(　　)。

A. 100mm   B. 110mm

C. 120mm   D. 130mm

【答案】B

2)［高级］下列关于横梁与立柱的连接，描述错误的是(　　)。

A. 铝合金立柱和横梁之间应留有空隙，并打注耐候密封胶

B. 型钢立柱和横梁之间的连接，可以采用栓接，也可以一端焊接，另一端采用栓接

C. 铝合金立柱与地面连接，应至少留出 15mm 的空隙，防止温度等各种作用下变形

D. 立柱与主体结构间连接不应采用双支点

【答案】D

(3) 多选题

［高级］常见构件式玻璃幕墙立柱的材料或构造有(　　)。

A. 铝型材   B. 钢型材

C. 铝包钢型材   D. 不锈钢拉索

【答案】ABC

2. 某幕墙一侧建筑立面，立柱间距图纸设计值为1200mm，两墙轴线位置立柱间距为8400mm（1200×7）。实际安装测得两端立柱间距为8480mm，确定调整幕墙分格尺寸。

（1）判断题

1）［初级］平均分格，立柱间距为8480mm/7＝1211mm。

【答案】错误

2）［初级］施工误差忽略不计，保证建筑效果，维持原分格不变。

【答案】错误

（2）单选题

1）［高级］对于该幕墙项目，对于幕墙分格描述正确的是（　　）。

A. 调整格放在立面边侧，其余立柱间距仍为1200mm，则调整格尺寸＝8480－1200×6＝1280mm

B. 调整格放在立面中间，其余立柱间距仍为1200mm，则调整格尺寸＝8480－1200×6＝1280mm

C. 平均分格，立柱间距为8480mm/7＝1211mm

D. 施工误差忽略不计，保证建筑效果，维持原分格不变

【答案】A

2）［中级］下列施工安装机具，不属于现场测量放线使用的是（　　）。

A. 电动葫芦　　　　　　　B. 鱼线

C. 重锤、墨斗　　　　　　D. 对讲机

【答案】A

（3）多选题

［高级］对于幕墙测量放线，下列叙述正确的是（　　）。

A. 根据幕墙分格大样图和土建单位给出的标高点、进出位线及轴线位置，采用重锤、钢丝线、测量器具及水平仪等工具在主体上定出幕墙平面、立柱、分格及转角等基准线；并用经纬仪进行调校、复测

B. 幕墙的分格线应与主体结构测量相配合，水平标高要逐层从地面往上引，以免误差累积，误差大于规定的允许偏差时，应经监理、设计人员的同意后，适当调整幕墙的轴线，使其符合幕墙的构造需要

C. 对高层建筑的测量应在风力不大于 4 级的情况下进行，且应每天定时进行

D. 在测量放线的同时，应对预埋件的偏差进行检验，其上、下、左、右偏差值不应超过 $\pm 45mm$，超出的预埋件必须进行适当的处理后方可进行安装施工，并把处理意见报监理、业主和公司相关部门

【答案】ABCD

3. 已知：①某钢膨胀螺栓规格为 M12×130，被连接件最大厚度的计算公式为：$L_1 = L - 90$（L 为螺栓公称长度）；②开口型抽芯铆钉的铆接件最大厚度是 $L - 4$，最小厚度是 $L - 6$（L_2 为抽芯铆钉公称长度，长度系列为 6mm、7mm、8mm、9mm、10mm、11mm、12mm、13mm、14mm 等）。

（1）判断题

1）[中级] 钢膨胀螺栓被连接件最大厚度为 60mm。

【答案】错误

2）[中级] 被铆接件单层铝板和铝角码厚度分别为 3mm、2.8mm，则可选择长度系列 6mm 以上的开口型抽芯铆钉。

【答案】错误

（2）单选题

1）[中级] 钢膨胀螺栓被连接件最大厚度为（   ）。

A. 40mm   B. 50mm

C. 60mm   D. 70mm

【答案】A

2）[中级] 被铆接件单层铝板和铝角码厚度分别为 3mm、2.8mm，则可选择长度系列（   ）系列的开口型抽芯铆钉。

A. 6mm   B. 7mm

C. 8mm   D. 10mm

【答案】B

（3）多选题

［高级］被铆接件单层铝板和铝角码厚度分别为 3mm、2.8mm，则可选择长度系列（   ）系列的开口型抽芯铆钉。

A. 9mm   B. 10mm

C. 11mm   D. 12mm

【答案】BC

4. 看图回答问题，如下图：

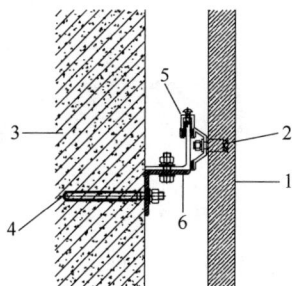

1—石材面板；2—背栓；3—混凝土墙；4—化学锚栓；
5—铝合金挂件；6—角钢托件

（1）判断题

1）［初级］该图例为石材幕墙节点构造示意，采用了背栓式干挂法。

【答案】错误

2）［中级］该图例不属于石材幕墙范围，缺少支承龙骨这一建筑幕墙基本特征。

【答案】正确

（2）单选题

1）［中级］石材作为建筑工程的饰面材料，不属于与主体结构比较常见的连接方式的是（   ）。

A. 湿贴法   B. 干挂法

C. 无龙骨干挂法　　　　　　　D. 卡件法

【答案】D

2）［初级］不属于天然石材面板的是（　　　）。

A. 花岗岩　　　　　　　　　　B. 大理石

C. 石灰岩　　　　　　　　　　D. 微晶石

【答案】D

（3）多选题

［初级］建筑幕墙的基本特征是（　　　）。

A. 具有面板　　　　　　　　　B. 具有支承结构体系

C. 不承担主体结构作用　　　　D. 能够适应主体结构变形

【答案】ABCD

5. 某一幕墙工程项目，幕墙高度 75m，施工采用脚手架技术措施。施工组织方案合理、完善，技术措施安全可靠，经项目经理、编制单位技术负责人批准后，报监理单位、建设单位审批后随即开始组织幕墙施工。施工过程中，考虑经济及施工工期等因素，将施工技术措施由脚手架调整为吊篮，且为非标吊篮。

（1）判断题

1）［高级］可以组织施工。施工单位组织施工的行为是合理的，施工技术措施的调整符合相关法律法规要求。

【答案】错误

2）［高级］不能组织施工。本案例幕墙高度超过 50m、落地式钢管脚手架搭设高度超过 24m，依据《危险性较大的分部分项工程安全管理规定》（住建部令第 37 号）及《关于实施〈危险性较大的分部分项工程安全管理规定〉有关问题的通知》（建办质〔2018〕31 号），建筑幕墙工程超过一定规模的危险性较大的分部分项工程专项方案应当由施工单位组织召开专家论证会。

【答案】正确

（2）单选题

1）［高级］依据《危险性较大的分部分项工程安全管理规定》（住建部令第 37 号）及《关于实施〈危险性较大的分部分项

工程安全管理规定〉有关问题的通知》（建办质〔2018〕31号），建筑幕墙工程超过一定规模的危险性较大的分部分项工程专项方案经施工单位组织召开专家论证会，并经监理及业主批准后，在施工过程中（　　）变更施工组织技术措施。

A. 不可以

B. 可以

C. 可以变更技术措施，以安全、经济、快捷为前提

D. 均可

【答案】A

2）［高级］建筑幕墙工程超过一定规模的危险性较大的分部分项工程专项方案经专家论证，并经监理及业主批准，在施工过程中如变更施工组织技术措施，必须（　　）。

A. 重新编制施工组织设计，报监理、业主批准后执行

B. 不需再编制施工组织设计，在确保安全、经济、快捷前提下，自行组织

C. 重新编制施工组织设计，重新组织专家论证后并报监理、业主批准后执行

D. 得到建设行政主管部门的同意后方可组织实施

【答案】C

（3）多选题

［中级］依据《危险性较大的分部分项工程安全管理规定》（住建部令第37号）及《关于实施〈危险性较大的分部分项工程安全管理规定〉有关问题的通知》（建办质〔2018〕31号），建筑幕墙工程超过一定规模的危险性较大的分部分项工程专项方案应当由施工单位组织召开专家论证会。下列具备条件的有（　　）。

A. 搭设高度24m及以上的落地式钢管脚手架工程

B. 自制卸料平台、移动操作平台工程施工

C. 高度50m及以上的建筑幕墙安装工程

D. 采用爆破拆除的工程

【答案】ABC

6. 看图回答问题，如下图：

(a) (b)

（1）判断题

1）［中级］图（a）中脚手架及卷扬机使用不符合施工技术规范相关要求。

【答案】正确

2）［中级］图（b）中石材幕墙与主体结构间防火构造处理不符合相关规范要求。

【答案】正确

（2）单选题

1）［中级］图（a）中存在施工技术措施不当的是(　　)。

A. 卷扬机固定在脚手架上，脚手架不能作为材料运输的受力构件

B. 卷扬机固定室内地面错误，应该固定在脚手架垂直下方

C. 脚手架未搭设跳板

D. 无人看护

【答案】A

2）［中级］图（b）中存在施工构造不当的是(　　)。

A. 底部石材未固定

B. 石材面板选择错误

C. 消防栓门开启角度不对

D. 消防栓箱周边与主体结构未做防火封堵

【答案】D

（3）多选题

［高级］下列关于幕墙防火，正确的是（　　）。

A. 幕墙与主体结构间的空隙，必须进行防火封堵，且防火层应与耐火极限高的一侧进行可靠连接

B. 铝板严禁作为防火岩棉的承托板

C. 幕墙高度不超过 25m 应采用 B_1 级材料

D. 实体墙外侧采用石材、铝板或人造板等非透明幕墙的，层间应做防火封堵。

【答案】ABD

参 考 文 献

[1] 建设部. 玻璃幕墙工程技术规范 JGJ 102—2003[S]. 北京：中国建筑工业出版社，2004.

[2] 建设部. 金属与石材幕墙工程技术规范 JGJ 133—2001[S]. 北京：中国建筑工业出版社，2004.

[3] 国家质量监督检验检疫总局，国家标准化管理委员会. 建筑幕墙 GB/T 21086—2007[S]. 北京：中国标准出版社，2008.

[4] 住房和城乡建设部. 建筑设计防火规范 GB 50016—2014[S]. 北京：中国计划出版社，2015.

[5] 住房和城乡建设部. 建筑玻璃应用技术规程 JGJ 113—2015[S]. 北京：中国建筑工业出版社，2016.

[6] 住房和城乡建设部. 人造板材幕墙工程技术规范 JGJ 336—2016[S]. 北京：中国建筑工业出版社，2016.

[7] 国家质量监督检验检疫总局，国家标准化管理委员会. 建筑幕墙术语 GB/T 34327—2017[S]. 北京：中国标准出版社，2018.

[8] 江苏省建设厅. 江苏省建筑安装工程施工技术操作规程 DGJ 32/J 47—2006[S]. 北京：中国城市出版社，2006.